国外农业丛书

主编 晋保平 张宇燕

国外的有机农业

杨小科 编著

中国社会出版社

图书在版编目(CIP)数据

国外的有机农业/杨小科编著. —北京:中国社会出版社,2006.9

(国外农业/晋保平,张宇燕主编)

ISBN 978-7-5087-1519-3

Ⅰ.国... Ⅱ.杨... Ⅲ.农业-无污染工艺-概况
-国外 Ⅳ.S345

中国版本图书馆 CIP 数据核字(2006)第 112630 号

丛 书 名:国外农业

主　　编:晋保平　张宇燕

书　　名:国外的有机农业

编 著 者:杨小科

责任编辑:余细香

出版发行:中国社会出版社　　　邮政编码:100032

通联方法:北京市西城区二龙路甲 33 号新龙大厦

　　　　　电　话:(010)66080300　　(010)66083600

　　　　　　　　　(010)66085300　　(010)66063678

　　　　　邮购部:(010)66060275　　电　传:(010)66051713

网　　址:www.shcbs.com.cn

经　　销:各地新华书店

印刷装订:北京华创印务有限公司

开　　本:140mm×203mm　　1/32

印　　张:5

字　　数:113 千字

版　　次:2006 年 9 月第 1 版

印　　次:2014 年 7 月第 5 次印刷

定　　价:8.00 元

建设社会主义新农村书屋

总顾问：回良玉

编辑指导委员会

主　任：李学举
副主任：翟卫华　柳斌杰　胡占凡　窦玉沛
委　员：詹成付　吴尚之　涂更新　王英利
　　　　李宗达　米有录　王爱平

农民看世界图书编辑委员会

主　任：晋保平
副主任：王英利　张宇燕　赵　睿　赵一红

国外农业丛书

主　编：晋保平　张宇燕
副主编：赵　睿　应寅锋

总序 造就新农民 建设新农村

李学举

　　党的十六届五中全会作出了建设社会主义新农村的战略部署。在社会主义新农村建设过程中，大力发展农村文化事业，努力培养有文化、懂技术、会经营的新型农民，既是新农村建设取得进展的重要标志，也是把社会主义新农村建设不断推向前进的基本保证。

　　为落实中央的战略部署，中央文明办、民政部、新闻出版总署、国家广电总局决定，将已开展三期的"万家社区图书室援建和万家社区读书活动"由城市全面拓展到农村，"十一五"期间计划在全国三分之一以上的村委会开展农村图书室援建和读书活动，使两亿多农民由此受益，让这项造福城市居民的民心工程同时也造福亿万农民群众。中央领导同志对此十分重视，中共中央政治局委员、国务院副总理回良玉同志作出重要批示："发展农村文化事业是新农村建设的重要内容，也是农村发展中一个亟待加强的薄弱环节。在农村开展图书室援建和读书活动，为亿万农民群众送去读得懂、用得上的各种有益书刊，对造就有文化、懂技术、会经营的新型农民，满足农民全面发展的需求，将发挥重要作用。对这项事关农民切身利益、事关社会主义新农村建设的重要活动，要精心组织，务求实效。"

　　中共中央政治局委员、中央书记处书记、中宣部部长刘云山同志也作出重要批示。他指出："万家社区图书室援建和万家社区读书活动，是一项得人心、暖人心、聚人心的活动，对丰富城市居民的文化生活、推动学习型社区建设发挥了重要作用。这项活动由城市拓展到农村，必将对丰富和满足广大农民群众的精神文化生活，推动社会主义新农村建设发挥积极作用。要精心组织，务求实效，把这件事关群众利益的好事做好。"

为了使活动真正取得实效，让亿万农民群众足不出村就能读到他们"读得懂、用得上"的图书，活动的主办单位精心组织数百名专家学者和政府相关负责人，编辑了"建设社会主义新农村书屋"。"书屋"共分农村政策法律、农村公共管理与社会建设、农村经济发展与经营管理、农村实用科技与技能培训、精神文明与科学生活、中华传统文化道德与民俗民风、文学精品与人物传记、农村卫生与医疗保健、农村教育与文化体育、农民看世界等10大类、1000个品种。这些图书几乎涵盖了新农村建设的方方面面。"书屋"用农民的语言、农民的话，深入浅出，使具有初中文化水平的人就能读得懂；"书屋"贴近农村、贴近农民、贴近农村生活的实际，贴近农民的文化需求，使农民读后能够用得上。

希望农村图书室援建和农村读书活动深入持久地开展下去，使活动成为一项深受欢迎的富民活动，造福亿万农民。希望"书屋"能为农民群众提供一个了解外界信息的窗口，成为农民学文化、学科技的课堂，为提高农民素质，扩大农民的视野，陶冶农民的情操发挥积极作用。同时，也希望更多有识之士参与这项活动，推动农村文化建设，关心支持社会主义新农村建设。

目　录

第一章　有机农业介绍

第一节　有机农业的定义

有机农业概念于 20 世纪 20 年代首先在法国和瑞士提出。从 20 世纪 80 年代起，随着一些国际和国家有机标准的制定，一些发达国家才开始逐渐重视有机农业，并鼓励农民从常规农业向有机农业生产转换，也就是在这种情况下，有机农业的概念才开始被广泛接受。

在欧洲，有机农业被描述为：一种通过使用有机肥料和适当的耕作措施，以达到提高土壤的长效肥力的系统。有机农业生产中仍然可以使用有限的矿物质，但不允许使用化学肥料，通过自然的方法而不是通过化学物质控制杂草和病虫害。

美国农业部的官员在考察欧洲的有机农业之后，给有机农业下了一个比较确切的定义，即有机农业是一种完全不用或基本不用人工合成的肥料、农药、生产调节剂和畜禽饲料添加剂的生产体系。在这一体系中，在最大的可行范围内尽可能地采用作物轮作、作物秸秆、畜禽烘肥、豆科作物、绿肥、农场以外的有机废弃物和生物防治病虫害的方法来保持土壤生产力和耕性，供给作物营养并防止病虫害和杂草的一种农业。尽管该定义还不够全面，但该定义描述了有机农业的主要特征，规定了从事有机生产的农民应该怎么做。

国际有机农业运动联盟会给有机农业下的定义为：有机农业包括所有能促进环境、社会和经济良性发展的农业生产系统。这些系统将土壤肥力作为成功生产的关键，通过尊重植物、动物和景观的自然能力，达到使农业和环境各方面质量都完善的目标。有机农业通过禁止使用化学合成的肥料、农药和药品而极大地减少外部物质投入，相反利用强有力的自然规律来增加农业产量和抗病能力。有机农业坚持世界普遍可接受的原则，并据当地的社会经济、地理气候和文化背景具体实施。因此，国际有机农业运动联盟会强调和运行发展当地和地区水平的自我支持系统。从这个定义可以看出有机农业的目的是达到环境、社会和经济三大效益的协调发展。有机农业非常注重当地土壤的质量，注重系统内营养物质的循环，注重农业生产要遵循自然规律，并强调因地制宜的原则。

综观以上几种对有机农业定义的描述，可以认为有机农业生产是一种强调以生物学和生态学为理论基础并拒绝使用化学品的农业生产模式。

根据国家环保总局有机食品发展中心对"有机农业"的定义，有机农业是指遵照有机农业生产标准，在生产中不使用化学合成的农药、肥料、生长调节剂、饲料添加剂等物质，也不采用基因工程技术及其产物以及离子辐射技术，而是采用遵循自然规律和生态学原理，协调种植业和养殖业平衡的一系列可持续发展的农业技术，维持持续稳定的农业生产的一种农业生产体系。这些技术包括选用抗性作物品种，建立包括豆科植物在内的作物轮作体系，利用秸秆还田、施用绿肥和动物粪便等措施培肥土壤保持养分循环，采取物理的和生物的措施防治病虫草害，采用合理的耕种措施，保护环境防止水土流失，保持生产体系及周围环境的生物和基因多样性等。有机农业生产体系的建立需要有一定的有机转换过程。有机农业生产遵循的基本原则包括：

    1. 遵循自然规律和生态学原理

    2. 循环利用有机生产体系内的物质

    3. 依靠体系自身力量保持土壤肥力

    4. 保护生态环境，多样性种植和养殖

    5. 根据土地的承载能力饲养畜禽

    6. 充分利用生态系统的自然调节机制

很多农民朋友不了解有机农业，对有机农业容易产生误解，很多消费者搞不清楚什么是有机农业、有机食品，甚至把有机食品与绿色食品混为一谈。这样的盲点不仅使有机农业的发展受到了影响，同时也制约了有机食品市场的发展。也有人把有机农业的技术措施，与常规农业使用化肥、农药对立起来，也有的认为有机农业既然不使用农药化肥进行生产，那么一定高不可攀等等。这些误解，都限制了对有机农业的探索和研究。农民自身对有机农业了解不够，也制约了技术标准化的实施，误解主要有以下几个方面：

    1. 有机农业是传统农业，是现代农业的倒退

不用化肥农药不等于有机农业是简单的复古，而是传统农业之精华与现代先进技术的结合，因此，要加大有机农业技术研究开发的力量和投入。认为有机农业就是很久以前那种不用化肥农业的原始农业生产，是绝大多数人初次接触有机农业概念时最易产生的误解，也是首先必须澄清的事实。有机农业是由一些科学家、哲学家为了保护我们赖以生存的土壤，在生产健康的作物和食品的背景下提出来的，在世界经历了"石油农业"带来的能源、环境和仪器安全危机之后得以大力提倡和发展并超越现代农业思想的一种农业生产模式。它只有在生物学、生态学发展到一定程度，当人们认识到人与自然之间只有协调起来才能促进人类

进步与发展之后才可能得到认同和推广。因此可以说有机农业是人们在高度发达的科学技术基础上重新审视人与自然关系的结果，而不是复古和倒退。有机农业拒绝使用农用化学品，但绝不是拒绝科学，相反它是建立在应用现代生物学、生态学知识基础上，应用现代农业机械、作物品种、现代良好的农业生产管理方法和水土保持技术，以及良好的有机废弃物处理技术、生物防治技术的生产实践。

2. 对有机农业的内涵不清楚

目前，对有机农业比较普遍的理解（包括很多涉及有机农业的农民和经营者）是，有机农业就是"不施化肥、农药和添加剂"。根据有机农业的生产和管理方式，似乎一些国家的"生态农业"更能反应其内涵，而有机农业很容易让公众把它理解成是一种不用任何无机物料的生产体系。但实际上，有机农业中允许使用多种无机物料（包括肥料、农药和土壤改良剂等），而很多的有机物料则不允许进入（包括一些化学合成的物质和未经认证的农家肥和作物秸秆等）。

3. 有机农业对环境无污染

很多人（包括一些专业人士）认为，有机农业不会对环境产生污染，其实不是这样的。有机农业的目的是为了合理利用和保护资源，把对环境的污染降到最低。近年来的研究表明，有机农业对环境的污染总体上比常规农业要低得多。但是，当有机肥施用不当或施用过量时，对环境和农产品产生的污染也不亚于常规农业。植物营养的本质是无机营养，植物直接利用阳光、空气、水和矿物质合成自身，也就是说植物不可能像动物那样直接利用有机物。因此，施入土壤中的有机肥必须经微生物分解，才能释放出速效氮、磷、钾等养分，供植物吸收利用。这些养分，在化学性质与生理功能上与来自化肥的养分毫无差别。研究表明，连续施用若干年动物粪肥后，土壤中氮的淋失率可能比使用相同氮含量的无机氮肥的土壤高。众所周知，有机物的分解是一个缓慢的过程，其分解速度和养分释放难以与作物对养分的需求规律一致，在作物生长缓慢期，多余的氮和其他养分就会流失，尤其是在秋冬作物收获后的空闲季节。因此，为了防止有机肥带来的污染，国家环保总局有机食品发展中心有机认证标准规定，"有机肥的施用不能过量，防止蔬菜中亚硝酸盐超标"，"叶菜类和块根类作物不得直接施用未经处理的粪便"。

4. 有机农产品的品质

很多人认为，有机农产品的品质比常规农产品高。如果从产品是否受污染的角度来看，答案是肯定的。但由于有机肥料存在养分不平衡问题，很多情况下不能完全满足生产优质作物产品对养分的需求，尤其难以解决作物缺乏微量元素的问题，因而其营养品质并不一定比常规农产品高。有机食品之所以能受到广泛的欢迎，最主要的一点，是有机食品的安全性大大超过了市场上的普通食品。

正确理解有机农业，对于有机农业的迅速发展有很大益处。有机农业是一个系统的生态工程，刚开始可能有的农民觉得获得的效益不高，有时候甚至还不如原来的常规农业，但是有机农业的发展前景和潜力是常规农业所不能比的，所以不要急功近利地仅仅为了获取短期的利益而搞有机农业，一定要把眼光放远一点，因为，这是造福人类，造福子孙万代的好事情！只有以这样的心态来搞有机农业，才能真正让有机农业给我们带来干干净净的食品和清洁美丽的自然环境！

第二节 发展有机农业的深远意义

一、有机农业发展迅速的原因

有机农业的兴起，起因于日益加重的环境污染和生态破坏已经直接危及到了人类的生命与健康，并对持续发展带来直接或潜在的威胁。不断总结发展经验和教训的人类发现：在公元前200万年至公元前1万年的采猎文明阶段，人类对自然的态度是依赖自然、听命于自然，那时几乎没有人类环境问题。到了公元前1万年至公元18世纪，土地耕作逐渐兴起而进入了农业文明阶段，人类对自然的态度由依赖而逐步转变为改造自然，森林砍伐、地力下降、水土流失等人类环境问题渐渐出现。

当西方国家进入工业革命时代以后，蒸汽机的发明使得一些人们错误地认为人类已经能够彻底摆脱了自然界的束缚，可以成为主宰地球的"救世主"，人类对自然的态度又进一步由改造而上升到要征服自然。当时一批很有影响力的学者提出了"做自然的主人、驾驭大自然"的机械论思想，在这个思想影响下，一代又一代人前赴后继，企图征服大自然，创造更新更高的文明社会。人类在征服自然并不断取得一些胜利的过程中，也饱受了自然报复的苦难，地区性公害到全球性环境灾难层出不穷，使得人们开始认识到把自然环境同人类社会割裂开来，把客观世界和主观世界割裂开来是多么的愚蠢，这种愚蠢祸及了人类自身。恩格斯早在19世纪就指出："我们不要过分陶醉于我们对自然界的胜利。对于每一次这样的胜利，自然界都报复了我们。"

20世纪30～70年代期间，在全球有广泛影响的"八大公害"事件的出现，以及印度博帕尔毒气泄漏事故和前苏联切尔诺贝利核事故，震撼了人类，人们开始认识到要善待环境。特别是20世纪80年代以来，人类又面临着臭氧层破坏、温室效应、酸雨、海洋污染、有害废物越境转移、物种减少等全球性环境问题的挑战，欧洲近年来的疯牛病、二恶英、口蹄疫三大事件促使人们转变食物生产的观念，食品业由将产品的盈利放在首位转变到将消费者的安全放在首位。这种认识与日俱增，一股寻求经济发展与环境和自然资源相协调的浪潮在全世界掀起。

二、有机农业发展的深远意义

（一）有机农业有利于环境保护

有机农业对气候变化影响很小，温室气体（二氧化碳、甲烷等）的排放是导致气候变暖的最主要的原因。从全球范围来看，农业要为此负一定的责任。农业排放的温室气体不仅来源于直接能源如石油和燃料燃烧，而且来源于生产和运送化肥、机器以及合成杀虫剂所使用的石油与燃料输入。

根据英国政府对有机农业的一个研究，发现有机农业生产与传统农业同量的食物所需的能量仅为传统农业的一半。主要的原因就在于有机农业是一个本地生产系统，减少了路面运输的负担。因此有机农业不仅使用能源更加高效，而且使得其对气候变化的影响最小化。

有机肥料富含大量的有机物质，可提供土壤微生物族群生长所需之能源，因而能促进土壤微生物族群的活性，进而维持生态环境之平衡。其中的有益微生物菌，如酵母菌、放线菌、固氮菌、菌根菌、硝化菌等以及可分解土壤中酸性物质、化学肥料、农药的分解酵素、可高效率分解出土壤中供植物生长所需的元素，如碳、氮、磷、钾、钠、镁和铁、锰、锌、铜等，促进植物的吸收，防止土壤硬化。化学肥料和合成农药的生产均需要消耗能源，而这些能源通常是石油、煤炭等不可再生能源。发展有机农业可以减少化肥、农药的生产量，从而降低人类对不可再生能源的消耗，同时也减轻化肥农药在生产过程中所产生的工业污染。

在生态敏感和脆弱区发展有机农业可以加快这些地区的生态治理和恢复，特别是水土流失的防治和生物多样性的保护。实践表明，在常规农业生产地区开展有机农业转换，可以使农业环境污染得到有效控制，生物的数量以及生物多样性也能迅速增加，农业生产环境可以得到有效地恢复和改善，土地、水资源、植被和动物界所受到的破坏与损害的程度将较轻。因此，从保护农村环境的角度来看，有机食品产业又是新兴的环保产业，是农业生产体系中的清洁生产。

(二) 有机农业可向社会提供优质的产品

当前，有机食品在国内外受到青睐的一个重要原因是其质优味好，富营养，无污染。发达国家的消费者愿出高价钱购买有机食品既是出于自身健康的考虑，也是在为保护生态环境作贡献。随着对"有机产品"的消费，消费者的消费结构也向着更有助于健康的方向演变，例如减少对烟、酒、咖啡、肉类、糖的消费，而增加对植物性产品的消费。在发达国家，食品消费支出占整个家庭支出的比例普遍较低，因此，即使他们因购买有机食品导致支出增加，也在他们的经济承受范围内。在发展中国家的大中城市，也有越来越多的人加入到有机食品的消费行列中来。

近年来，越来越多的科学研究表明，食物中的农药残留对人体的影响不仅表现为直接的毒害，间接的危害也很严重。有报道说，农药在降解过程中将形成各种各样的中间体，其中某些中间体的分子结构与动物体内的雌性激素十分相似，这可能是导致整个生物界雄性退化的重要原因。在日本，儿童皮肤过敏症非常普遍，这可能与食用基因工程食物或食物中的农药残留有关。近几年，发达国家消费者对基因工程食物的潜在影响普遍比较担忧，而有机食品禁止引入基因工程技术，可以消除人们的疑虑。

（三）有机农业可获得良好的经济效益

有机农业的经济效益长远看来比普通农业收入高出很多。根据德国农业部的农业年度报告，以有机农业生产方式从事生产的农业企业的多年平均纯收入水平，无论是按单位土地利用面积、单位劳动力还是农户计算，均至少不低于以常规方式生产的同类农业企业。这主要是因为有机农业的企业通过投入较多劳动的方法，自己来进行土地肥力保护和植物保护工作（而常规农业则是通过购入化肥与农药来"购入"土地肥力和植物保护），并且用自己所生产出来的饲料而不是购入饲料。这就是说，其生产的购入物资成本较低。

再者，目前国际市场上有机食品的价格比常规食品高20%～50%，有些产品（如豆类等）可能会高出1倍甚至更多，生产加工厂家和贸易部门在拓宽了国内外市场的同时，也依靠自身产品的质量优势，获取了较高的销售价格。近年来国内很多单位积极开拓有机食品这一新兴环保产业，通过开发有机食品帮助部分农民脱贫致富，促进农村经济和环境的持续发展。

另外，有机农业生产企业本身也越来越多地将一些营销部门的功能承担过来，即他们自己也从事营销。通过直销、定点供应、连锁店和专卖店的短链销售，减少流通环节，获取更高的利润。

（四）有机农业可增加本国农产品的市场竞争力，增加就业
机会

有机农业生产基地和有机食品发展，是以市场为导向逐步发展起来，走的是产、供、销一体化的道路。由于有机农业单位面

积产量和禽畜生产力较低，减轻了对过剩农产品市场的压力，这将减轻政府为消除过剩产品所必须支付的财政补贴负担，有助于保持市场物价的稳定，保护生产者的利益。由于传统农业中的农药、化肥和杀虫剂等农业措施在有机农业中尚未找到良好的替代措施，很多诸如病、虫、草害防治等农业劳动要通过手工来完成，所以有机农业也是一种劳动密集型产业，可以增加就业机会。

以上即为有机农业对社会发展的重大意义的几种典型的益处。有机农业正以其独特的功能在现代社会中展现着巨大的潜力。

农业知识"点点通"

20 世纪 30~70 年代的八大公害事件

公害事件指的是因环境污染造成的在短期内人群大量发病和死亡的事件。

▲马斯河谷事件：该事件发生在1930 年 12 月 1~5 日比利时马斯河谷工业区。工业区处于狭窄盆地中，12 月 1~5 日发生气温逆转，工厂排出的有害气体在近地层积累，3 天后有人发病，症状表现为胸痛、咳嗽、呼吸困难等。一周内有 60 多人死亡。心脏病、肺病患者死亡率最高。

▲多诺拉事件：该事件发生在1948 年 10 月 26~31 日美国宾夕法尼亚州多诺拉镇。该镇处于河谷，10 月最后一个星期大部地区受反气旋和逆温控制，加上 26~30 日持续有雾，使大气污染物在近地层积累。二氧化硫及其氧化作用的产物与大气中尘粒结合是致害因素。发病者 5911 人，占全镇总人口 43%。症状是眼痛、肢体酸乏、呕吐、腹泻；死亡 17 人。

▲洛杉矶光化学烟雾事件：该事件发生在20 世纪 40 年代初期

美国洛杉矶市。全市 250 多万辆汽车每天消耗汽油 1600 万升，向大气排放大量碳氢化合物、氮氧化物、一氧化碳。该市临海依山，处于 50 公里长的盆地中，汽车排出的废气在日光作用下，形成以臭氧气为主的光化学烟雾。

▲伦敦烟雾事件：该事件发生在 1952 年 12 月 5～8 日英国伦敦市。5~8 日英国几乎全境为浓雾覆盖，4 天中死亡人数较常年同期约多 4000 人，45 岁以上的死亡最多，约为平时 3 倍；1 岁以下死亡的，约为平时 2 倍。

▲四日市哮喘事件：该事件发生在 1961 年的日本四日市。自 1955 年以来，该市石油冶炼和工业燃油产生的废气，严重污染城市空气。重金属微粒与二氧化硫形成硫酸烟雾。1961 年哮喘病发作，1967 年一些患者不堪忍受痛苦而自杀。1972 年全市共确认哮喘病患者达 817 人，死亡 10 多人。

▲米糠油事件：1968 年 3 月日本北九州市、爱知县一带生产米糠油时用多氯联苯作脱臭艺中的热载体，由于生产管理不善，混入米糠油中，食用后中毒，患病者超过 1400 人，至七八月份患病者超过 5000 人，其中 16 人死亡，实际受害者约 13000 人。

▲水俣病事件：该事件发生在 1953～1956 年日本熊本县水俣市。含甲基汞的工业废水污染水体，使水俣湾和不知火海的鱼中毒，人食毒鱼后受害，1972 年日本环境厅公布：水俣湾和新县阿贺野川下游有汞中毒者 283 人，其中死亡 60 人。

▲痛痛病事件：该事件发生在 1955～1972 年日本富山县神通川流域。锌、铅冶炼工厂等排放的含镉废水污染了神通川水体，两岸居民利用河水灌溉农田，使稻米含镉，居民食含镉稻米和饮用含镉水而中毒，1963 年至 1979 年 3 月共有患者 130 人，其中死亡 81 人。

第二章　有机农业的起源和发展

第一节 有机农业的起源与国际有机农业
运动联盟会

提起有机农业，很多人觉得这是个新名词。的确，对大多数人来说，有机农业在中国还是一个让人模糊的词汇。其实，有机农业这一词的起源还与中国有着密切的关系，1909 年，美国农业部土地管理局局长金氏途经日本到中国，他考察了中国农业数千年长盛不衰的经验，并于 1911 年写成《四千年的农民》一书。书中指出中国传统农业长盛不衰的秘密在于中国农民勤劳、智慧、节俭，善于利用时间和空间提高土地利用率，并以人畜粪便和一切废弃物、塘泥等田地培养地力。该书对英国植物病理学家霍华德影响很大，他在金氏的基础上进一步深入总结和研究中国传统农业的经验，并于 20 世纪 30 年代初倡导了有机农业，并由贝弗尔夫人和英国土壤学会首先实验和推广。1940 年霍华德写成了《农业圣典》一书。此书成为当今指导国际有机农业运动的经典著作之一。1945 年，美国有机农业的创始人罗代尔受其影响，按照他的办法创办了罗代尔有机农场。罗代尔农场从创办至今一直从事有机农业的研究和出版工作，是国际有机农业联盟运动的积极倡导单位。有机农业起始于 20 世纪初，具有很多流派，但他们的基本思想和哲学原理都是一样的或者相似的。在国外，还有很多名称，如生态农业，生物动力农业，自然农业，生物农业等。

提到有机农业，就不能不提到国际有机农业运动联盟会。该协会是由 100 多个国家共 750 多个成员组成。它于 1972 年 11 月 5 日在法国成立，成立初期只有英国、瑞典、南非、美国和法国 5 个国家的 5 个单位的代表。经过 20 多年的发展，目前，该协会组织已成为当今世界上最广泛、最庞大、最权威的一个国际有机农业组织。

国际有机农业运动联盟会联合了国际上从事有机农业生产、加工和研究的各类组织和个人，其制定的有机农业标准具有广泛的民主性和代表性，涵盖了有机植物生产、有机动物生产以及加工的各个环节，许多国家在制定本国有机产品标准时，都参考和引用该协会的基本标准。国际有机农业运动联盟会的授权体系（认可和监督有机认证机构的组织和准则）和其基本标准一样，对于有机农业检查和认证机构的控制颇具影响力。

国际有机农业运动联盟会作为国际有机农业组织，其职能主要是在世界范围内建立发展有机农业运动协作网。主张广泛发展有机农业，并且提供全球范围内的学术交流与合作的舞台；在发展有机农业系统过程中，提供一个包括保证环境持续发展和满足人类需求的综合途径。该协会及其各成员组织致力于促进有机农业发展，努力使之具有生态、社会和经济意义的、合理并可持续发展的农业系统。国际有机农业运动联盟会在全球范围内的工作将保证满足所有人对优质食品的需求，同时做到保护土壤和提高其肥力，并且尽可能降低环境污染和不可再生资源的消耗。

国际有机农业运动联盟会的主要目标是在会员之间交流知识和专业技能，并向人们宣传有机农业运动。同时在世界范围内，在议会、政府和一些制定政策的会议上（例如在联合国的咨询机

构），倡导开展有机农业运动。该协会还制定和定期修改国际
"IFOAM 有机农业和食品加工的基本标准"。国际有机农业运动
联盟会的颁证资格授权计划保证了世界范围内颁证程序的可靠
性。

目前，中国加入国际有机农业运动联盟会的单位和组织有：
中国绿色食品发展中心，中国有机食品发展中心，浙江农业大学
农业生态研究所，黑龙江省农业厅环保站，江苏瑞康有机食品公
司，唐山有机农业研究中心，河南有机银杏开发公司等。

在上世纪 80 年代，国际有机农业运动联盟会制定并首次发
布了"有机生产和加工的基本标准"，经过不断地修改、完善，
该标准已成为许多民间机构和公共机构在制定或修订他们自己的
标准或法规时的主要参考依据。进入 20 世纪 90 年代后，随着有
机食品市场的兴起和国际贸易的增加，各国政府开始关注有机食
品生产和销售的标准化。法国、西班牙、丹麦、美国先后制定了
有机法规。欧盟于 1991 年制定了关于有机农产品生产和标识的
条例。美国在 1990 年制定了国家《有机食品生产法》，但由于争
论激烈，几经修改，直至 2001 年 4 月才正式施行。联合国粮农
组织和世界卫生组织联合成立的食品法典委员会也于 1999 年通
过了"有机食品生产、加工、标识及销售指南"。

上述标准和法规的主要精神和要求基本一致，这主要得益于
它们在制定时都以国际有机农业运动联盟基本标准为依据。尽管
如此，仍然有许多认证机构，特别是那些既未通过国际认可，也
未通过国家认可的认证机构，各自掌握的标准还很不一致。为了
能在世界范围内真正地保障有机产品的质量，国际有机农业运动
联盟会对从事有机产品认证的机构进行资格评定，以保证世界各
地的有机认证的一致性。国际有机农业运动联盟会国际认可就是
通过对世界范围内的认证机构进行评估，审核其标准和认证程序

是否与国际有机农业运动联盟会标准以及认证机构准则相一致，使通过评估且获得认可的各认证机构掌握的标准基本一致，从而确保有机产品市场的公正性、统一性和有序性。

在这里，有一个问题需要解释一下，国际有机农业运动联盟会会员的认证机构并不代表其已经获得国际有机农业运动联盟会的认可。有一些国际有机农业运动联盟会会员或其生产者在市场上利用他们的会员身份错误地宣传他们是获得国际有机农业运动联盟会认可的，这是一种没有经过国际有机农业运动联盟会授权而滥用名义的现象，国际有机农业运动联盟会唯一承认的就是通过该机构认可的认证机构所认证的有机产品。

国际有机农业运动联盟会认可工作始于 1992 年，最初几年是由该协会自己承担的。在 1997 年该协会创立了国际有机认证资格评定委员会，随后就由国际有机认证资格评定委员会来开展该协会的认可工作。这个评定委员会是一个独立的、非赢利性机构，总部设在美国，在欧洲和澳大利亚设有办事处，它只开展与有机认证认可相关的工作，其所有成员都是来自于有机农业领域内的世界各地的专家，他们精通有机农业和有机食品。国际有机认证资格评定委员会代表国际有机农业运动联盟会开展认可工作，以国际有机农业运动联盟会的基本标准和准则为基础，对申请认可的认证机构进行严格的评估和审核，使申请者的认证标准与国际标准相一致，从而建立统一的有机生产标准，使生产者、加工者和贸易者都能有章可循，同时也使消费者对获得认可的认证机构认证的产品产生信任感。截至 2003 年 2 月 14 日，全世界共有 16 个国家的 24 家有机认证机构获得国际有机农业运动联盟会的正式认可，其中亚洲只有中国的国家环境保护总局有机食品发展中心、日本的有机和自然食品协会以及泰国的有机农业认证公司三家。

国际有机农业运动联盟会制定的有机农业的国际基本标准包括以下四方面：

（1）前提条件：

凡标上"有机"标签的产品，生产者和农场必须属国际有机农业运动联盟会成员。

不属于国际有机农业运动联盟会的个体生产者不可以声明他们是按国际有机农业运动联盟会标准进行生产的。

国际有机农业运动联盟会标准包括农场审查和颁证方案的建议。

（2）目标（即基本标准的框架）：

生产足够数量具有高营养的食品；

维持和增加土壤的长期肥力；

在当地农业系统中尽可能利用可再生资源；

在封闭系统中尽可能进行有机物质和营养元素方面的循环利用；

给所有的牲畜提供生活条件，使它们按自然的生活习性生活；

避免由于农业技术带来的所有形式的污染；

维持农业系统遗传基质的多样性，包括植物和野生物环境的保护；

允许农业生产者获得足够的利润；

考虑农业系统较广泛的社会和生态影响；

根据上述框架各国组织必须要制定自己发展的标准。

（3）采用的方法和技术可采用遵循自然生态平衡的某些技术，强调指出禁止使用农用化学品，例如合成肥料、杀虫剂等。

（4）如何使产品成为有机产品？原来不是有机产品，可进行转换，让其变为有机产品，在一定时期内按标准要求进行转换，由每个有机农业颁证机构确定转换过程的时间，并定期（每年）进行评价。转换计划包括：

a.增强土地肥力的轮作制度；

b.适当的饲料计划（养殖业）；

c.合适的肥料管理方法（种植业）；

d.建立良好环境，以减少病虫害转换周期时间，如果产品在两年之内满足所有标准，则第三年可作为有机产品出售，对种植业强调如下几方面：

环境条件（由颁证组织审查无污染）；

作物品种筛选，应选适应当地土壤气候对病虫有抵抗能力的品种；

实施轮作（包括豆科作物）；

肥料政策：（例如：有机肥返回土壤，保持土壤肥力。禁止焚烧稻草，氮肥必须是有机的、颁证组织应对产品的硝酸盐含量加以限制，引进的肥料要审查，人类要防治病虫害等）；

害虫管理：要保护天敌，提倡生物综合防治，禁止使用合成杀虫剂。在畜牧生产中禁止使用人工荷尔蒙和其他增产剂，从非有机农业组织购入的饲料不得超过 10%～20%（根据牲畜种类而异）。此外，不得采取虐待牲畜的生产方式；

杂草的处理：用预防栽培技术来防治、限制生长（例如：合理的轮作、种植绿肥，平衡的施肥管理等），使用物理除草方法，禁止使用除草剂、生长刺激剂。对养殖业、畜牧业强调禁止使用饲料添加剂、生长素、开胃药、防腐剂等。

综合以上标准，概括起来强调一句话：禁止使用农用化学品，提倡用自然、生态平衡的方法从事农业生产和管理。

近 40 年来，国际有机农业运动联盟会对世界有机农业的发展所做的贡献主要有以下几个方面：

1.制定了国际有机农业运动联盟会有机生产和加工标准。此标准让生产和加工者对有机农业有了一个清醒的认识和理解。作为各个国家和地区认证机构进行制定标准的框架，也是国际机构和国家制定相应法规的依据。

2.对有机机构进行确认，保证有机结构在世界范围内的声誉。国际有机农业运动联盟会的确认提高了机构的国际信誉，是机构之间认证、相互之间认可的基础，也是政府对某种有机产品进口的依据。

3.举办国际科学大会，贸易会议和贸易博览会，促进有机农业的全球发展。国际有机农业运动联盟会自成立以来平均每两年召开一次科学大会和全体成员会议，使来自世界各地从事有机农业科研、咨询、生产、认证、贸易的人员互相交流经验，对世界有机农业发展起到巨大的推动作用。另外还举办各种国际研讨会，每年二月在德国举办有机产品博览会——德国纽伦堡国际有机产品博览会，这是一年一度全球规模最大、最集中的有机产品展示会和贸易盛会，每年都有七八十个国家和地区的有机食品生产、采购、供应或代理商及其认证机构云集纽伦堡会展中心，参会品种涉及粮食、新鲜水果蔬菜、食用油、肉类、奶制品、酒类、蛋类、咖啡、可可、茶叶、菌类和调味品等，此外还有棉花、花卉、服装和原木家具等有机产品。与一般的农产品交易会、博览会不同，纽伦堡国际有机产品博览会是全球范围内的有机食品专业性展会，展会期间还以50欧元的门票控制普通消费者(最后一天对其开放)的参观，以利于各类客商与展商进行充分的贸易洽谈。近两年，世界各地的2000多家公司、企业及认证机构追随德国纽伦堡国际有机产品博览会的品牌，来纽伦堡参展、参观和洽谈业务的人数达3万人以上。德国纽伦堡国际有机产品博览会的主办方纽伦堡国际展览公司不仅在德国，而且在美国、日本和巴西等国成功地举办了有机产品博览会，以期将有机食品的理念和德国纽伦堡国际有机产品博览会的品牌推向全世界。

农业知识"点点通"

绿色食品

A级绿色食品标志（左）；
AA级绿色食品标志（右）

绿色食品标识是由中国绿色食品发展中心在国家工商行政管理局商标局正式注册的质量证明商标。

绿色食品标识由三部分构成，即上方的太阳、下方的叶片和中心的蓓蕾，象征和谐的生态系统。标识为正圆形，意为保护。整个图形描绘了一幅明媚阳光照耀下的和谐生机，告诉人们绿色食品正是出自纯净、良好生态环境的安全无污染食品，能给人们带来蓬勃的生命力。绿色食品标识还提醒人们要保护环境，通过改善人与环境的关系，创造自然界新的和谐。

绿色食品分为 A 级和 AA 级两类，这两类的主要区别是：A 级绿色食品在生产过程中允许限量使用限定的化学合成物质；AA 级绿色食品在生产过程中不使用任何有害化学合成物质。

第二节 有机农业的发展过程

有机农业从提出到今天已经有 70 多年的历史了，期间大体可分为四个发展阶段。

第一阶段：初始萌芽阶段（1900～1945 年）

这一阶段是有机农业思想萌发和提出时期，主要有关专家和学者对传统农业的挖掘和再认识，而中国在几千年的发展传统农业过程中所积累的优秀农业思想和技术，如农林牧相结合、精耕细作、培肥地力、合理轮作等对有机农业的萌芽起到了十分重要的作用。由于这个阶段是初级阶段，因此有机农业只是在很小的范围内运作，无论是理论基础还是技术体系，水平都比较低，其影响范围也比较小。

第二阶段：研究试验阶段（1945～1972年）

美国的有机农场开始于1945年罗代尔兴办的第一个有机农场。它的出现标志着有机农业进入了试验研究阶段。同一年，罗代尔出版了《堆肥农业和园艺》一书，告诉人们如何利用自然方法去培养更健康的土壤以获得健康的食物，并在自己的农场进行试验。在此基础上建立了世界上著名的有机农业研究所——罗代尔研究所。这一时期，虽然有机农业无论是在规模还是在数量上都有了很大的发展，但是和常规农业相比还是非常弱小，人们对有机农业还处于观望、验证阶段，还没有形成市场和效益规模。

第三阶段：奠定基础阶段（1972～1990年）

1972年11月5日，国际有机农业运动联盟会在法国的弗塞拉斯成立。这标志着国际有机农业进入了一个崭新的发展时期。在这一时期，有机农业发展有以下几个特点：一是通过发展会员，扩大了有机农业在全国的影响和规模；二是通过制定有机农业和有机食品的标准，规范了有机农业技术；三是通过认证方式，提高了有机农业的信誉。由于有机农业联盟组织的局限性，其影响力没有在这一时期充分地发挥出来。有机农业的发展还没有进入到高速发展阶段。

第四阶段：加速发展阶段（1990年至今）

进入到20世纪90年代，可持续发展战略在全世界范围内得到共同认可。可持续农业的地位也得到了确立，有机农业作为可持续发展农业的一种重要模式进入了高速发展时期。无论在规模还是在数量上都有了很大的发展。在这一时期，主要有以下几个变化：首先，由单一、分散、自发的活动向有组织的民间活动转变，在一些国家甚至引起了政府的重视，在法律上予以保护，在政策上予以支持。同时，就标准而言，各国根据有机农业国际联盟的标准分别制定了自己国家和地区的有机农业和有机食品的标准。有机农业及其产品也日益丰富。有机市场贸易日趋成熟。

农业知识"点点通"

有机食品

有机食品标识采用人手和叶片为创意元素。我们可以感觉到两种景象：其一是一只手向上持着一片绿叶，寓意人类对自然和生命的渴望；其二是两只手一上一下握在一起，将绿叶拟人化为自然的手，寓意人类的生存离不开大自然的呵护，人与自然需要和谐美好的生存关系。有机食品概念的提出正是这种理念的实际应用。人类的食物从自然中获取，人类的活动应尊重自然的规律，这样才能创造一个良好的可持续的发展空间。

有机食品是指来自于有机农业生产体系，根据国际有机农业生产规范生产加工、并通过独立的有机食品认证机构认证的一切农副产品，包括粮食、蔬菜、水果、奶制品、畜禽产品、蜂蜜、水产品、调料等。除有机食品外，还有有机化妆品、纺织品、林产品、生物农药、有机肥料等，他们被统称为有机产品。

第三章 有机农业在各国和地区
发展现状

第一节 有机农业在世界范围内的发展

20 世纪初以来特别是 70 年代以来，以生态环境保护和安全农产品生产为主要目的有机农业／生态农业在欧、美、日以及部分发展中国家得到了快速发展。到 20 世纪 90 年代末，欧、美、日已经成为世界上主要的生态标志型农产品消费市场，发展中国家出口拉动型的有机农业增长迅速，国内市场随经济的发展也在逐步形成。有机农业生产和贸易规模约占整个食物系统的 1%左右。从发展的规模和数量上看，国民环保意识较强的欧洲、日本、美国等国的有机食品生产和需求发展较快。欧洲是世界上最大的有机食品市场，2002 年有机农产品占食品总消费量的 5%以上，有机农产品土地耕作面积占农业用地的 2%以上。据估计，到 2008 年全球的有机食品销售额为 800 亿美元，在部分发达国家如德国，2008 年有机食品占食品市场的比重将达 25%。在亚洲国家，有机农产品的国内市场非常小，仅在生活水平较高的大中城市出现，绝大部分有机产品与常规产品的差价在 10% ~ 50%之间。

20 世纪 20 年代以来的 70 多年时间里，有机农业从局部向全球逐渐扩展，并在 20 世纪末的最后 20 年里，呈现出快速发展的态势。目前，有机农业已在全球 100 多个国家被有机生产者在结合其独特的自然和社会条件基础上进行实践，有机生产的土地面积持续增加。根据德国有机农业基金会的统计资料，到 2002 年年底，全球有 2300 万公顷的土地进行有机生产，其中名列前三位的国家是澳大利亚的 1050 万公顷、阿根廷的 320 万公顷和意大利的 120 万公顷。从占农业土地面积的比例来看，欧洲最高，达到了 2%。在有机生产的土地中，有机耕地面积约 50%，另外是一些有机管理的牧场，如在澳大利亚和阿根廷，由于气候干燥，使得大部分的有机土地变为了粗放型管理的放牧土地。世界上最大的有机认证的土地在澳大利亚，面积为 99.4 万公顷。

2002 年年底全球有机农业生产面积最大的前 10 个国家分别是澳大利亚、阿根廷、意大利、美国、英国、乌拉圭、德国、西班牙、加拿大以及法国。从全球分布来看，大洋洲的有机土地面积为 1060 万公顷，拉丁美洲国家的有机生产的土地面积为 470 万公顷，约占土地面积的 5‰。在北美洲，每 1 万公顷的农用土地中就有 25 公顷的有机土地，总共大约有 150 万公顷进行有机生产。在亚洲，大部分有机生产的土地还处在转换期，有机耕作土地面积总量为 60 万公顷。在南部非洲，由于发达国家的需求，有机生产的土地面积在逐步增加，大约为 20 万公顷。

有机农业的发展受各个国家和地区经济以及社会发展的影响非常大，欧、美、澳等发达国家表现出较大的比例，发展中国家由于出口拉动，有机农产品发展在近几年也在快速发展，而日本、韩国等国家由于国情的特殊性(人口多, 土地少)，使得有机农业发展不可能有较大的空间。

第二节 美洲有机农业发展现状

一、美国有机农业发展现状

美国在 20 世纪 40 年代出现了"有机农业"的概念，但是"有机"一词的确切含义直到 1973 年"加利福尼亚认证有机种植者协会"制定了统一的生产标准时才被最终确定下来。1990 年，美国国会通过了《联邦有机食品生产法》，1997 年，美国农业部受命以生产法为准制定一条针对有机生产者、加工者和认证管理者的有机食品标准。2002 年 10 月 21 日后，在美国，有机食品认证机构按照新的标准进行有机食品认证。从 20 世纪 90 年代开始，有机农业的生产者、出口商和零售商一直在为满足消费者对有机农产品的广泛需求而努力。据调查，上世纪 90 年代，美国已经获得有机认证的农业种植面积比上世纪 80 年代增长了两倍多，到 2000 年，获认证的有机农场主的数目已超过 5500 人，年增长率在 10% 以上。

美国生产者将有机农业体系作为减少成本投入，减少对非再生资源的依赖，增加农场收入的一种潜在方式，在 49 个州共有545165 公顷土地从事有机农业生产，其中将近 2/3 的土地用于种植业。与农作物相比，有机禽畜产品发展缓慢，主要原因是直到1999 年 2 月才允许在肉产品上使用有机商标。由于市场的不断扩大，推动了有机牧场的发展和对有机饲料的需求。1997 年的时候，23 个州开始对有机牧场饲养的牛、猪、羊进行了认证。

美国有机农业发展较为迅速主要有以下两方面因素：

1.市场拉动

自 1993 年以来，美国经济进入快速增长期，生活水平和标准进一步提高，有机农产品市场逐渐形成。有机农产品的价格比传统农产品高。在波士顿蔬菜批发市场，有机胡萝卜的平均价格比常规胡萝卜高110%，有机西红柿价格是常规西红柿的2倍。1997～1998年期间，在主流超级市场上销售的有机牛奶是常规牛奶价格的3倍。1996～1997年间，有机玉米价格比常规玉米高35%，有机小麦价格比常规小麦高50%，有机大豆价格是常规大豆的2倍。产品市场价格的差异，促进了有机农业的发展。据美国农业部经济研究局统计，1995～1997年，有机玉米和小麦的种植面积增加31%，有机大豆种植面积增加74%，有机奶牛数量增长了1倍。

2.政府扶持

美国的有机农业与传统农业相比，总量仍很小。制约有机农业发展的主要因素是管理成本高，农户技术和市场能力弱，资金不足，缺乏有机产品销售系统。有机种植农场在获得资格认证前，必须经三年的过渡期，这种农业生产系统的转换，使很多农场主认为风险较大。

为了帮助农场主进行有机生产系统的转换，美国一些州政府从环境效应考虑，已开始对有机农场提供资金资助，资助的方式各州不一样。比如衣阿华州规定只有有机农场才有资格获得"环境质量激励项目"，明尼苏达州规定，有机农场用于资格认定的费用，州政府可补助2/3。美国农业部对有机农业的支持主要在于建立有机农产品的统一标准和认证系统，加强有机农业技术研究，促进有机农产品的市场流通和建立有机农业的保险服务。有机农产品的国家标准已经正式实施，美国农业部已批准了16个机构可对有机农业生产企业进行资格认定。

在2001年的总统财政预算中，美国农业部提出增加500万美元的有机农业研究费用，用于有机农业生产和加工技术的研究

与示范推广。美国农业部委托加利福尼亚大学正在开展有机农产品市场流通系统研究，该项目研究将建立全美有机农产品的生产、报价和购销系统。美国农业部风险管理局已开展有机农场保险服务试验项目，探索建立有机农业保险服务的管理机制。

在美国由于有机农业生产规模不大，因而至今尚未纳入美国农业统计的范畴，据美国农业部经济研究局公布的最新资料显示，1997年美国共有49个州采用有机农业生产方式，经过有机认证的土地面积达1346558英亩，其中有机农作物面积为850177英亩，有机牧草和草场面积为496385英亩，分别占63.1%和36.9%。就全国经过有机认证的土地面积数量来看，1997年比1992年增长了44%，其中有机农作物面积的涨幅达110.8%。据对有关州有机认证土地面积增长趋势的调查结果显示，1999年的有机认证面积比1997年增长了150%左右。美国农业部2002年的初步估算结果，2001年全国的有机认证土地面积已达240万英亩，比1997年增长78%以上。可见，美国的有机农业目前仍呈良好的发展态势。据美国国内相关机构和专家预测，有机农业的这种发展趋势将至少保持10年左右。

美国的有机食品主要有三个销售渠道，即天然食品商店、传统产品杂货店和农产品直销市场(农贸市场、农场内售货亭、本地餐馆和杂货店采购等)。1990年美国的有机食品销售总额为10亿美元，2000年达到了78亿美元。2000年有机食品销售额居前五位的产品分别是：新鲜水果和蔬菜，销售额约22亿美元，约占有机食品销售总额的30%，居第一位；其他依次分别为非奶类饮料(约10亿美元)、面包和谷类(约8.5亿美元)、包装食品(约6.5亿美元)和奶制品(约6亿美元)。这五类有机食品的年销售额约占有机食品年销售总额的2/3左右。

由于美国有机食品生产过程的控制标准既高又严，多数情况下生产成本会明显增加，所以有机食品的市场价格总是高于同类普通产品的价格。有机胡萝卜比普通胡萝卜的价格平均高 25%。有机大豆的价格大多数年份都比普通大豆价格高出 1 倍以上。

农业知识"点点通"

美国国家有机农业计划

　　这个标识包括了美国国家有机农业计划的标语、农场背景，同时，两个人举着一篮子的食品，在篮子上贴有"美国农业部有机食品"标签。

二、加拿大有机农业的发展

(一) 农业概况

加拿大国家面积为 9984670 平方公里,居世界第二位,总人口为 3175.28 万 (2004 年 1 月)。国土面积的 7% 用于农业生产,全国约有农场 28 万个,平均种植规模为 240 公顷。全国耕地面积约 6800 万公顷,主要种植小麦、油菜籽、大麦、燕麦、玉米等大田作物。发达的农业是加拿大经济的重要组成部分,在世界农业生产和国际农产品贸易中占据重要地位。虽然加拿大农业在国内生产总值中只占 8.5%,但农业在国民经济中依然起着基础性作用,农业的机械化程度和劳动生产率水平极高。规模庞大、分布广泛的农业科研推广网在农业中发挥了重要作用。1999 年加拿大农业总产值(含农产品加工业)达 950 亿加元(当时,1 加元约折合 6 元人民币),出口达 217 亿加元。

常规农业在加拿大当前农业生产中仍是主流 (占 98.5% 的比重)。与有机农业不同的是,常规农业在生产中,允许农药和化肥的投入,但是由于加拿大非常重视环境保护和食品安全,所以对农药和化肥的使用都控制在适量的范围内,基本不存在农产品公害问题。

(二) 有机农业发展概况

与常规农业的显著区别是,有机农业生产中禁止使用农药、化肥、转基因作物、抗生素和生长激素等。有机农业主张建立作物、土壤微生物、家畜和人的和谐系统。其指导思想是,健康的土壤生长出健康的植物;然后才有健康的家畜和人。在有机农业中,通常采用的耕作措施有:种植覆盖作物、轮作、秸秆还田、生物防治病虫害、用有机饲料喂养家畜等。

由于担心化学品对人类健康和环境的影响,加拿大于 20 世纪 70 年代开始发展有机农业。开始的发展都是农民自发性的，政府没有任何形式的支持。鉴于有机农业的发展态势良好，加拿大农业部有关人士乐观地认为，有机农业已经成为加拿大农业发展新的增长点。全国目前共有经认证的有机农场 2500 个，有机食品加工企业 150 家，有机产品认证机构 46 个。有机农业的总产值为 6 亿加元。占全国农业总产值的 1.5%。近几年来，加拿大的有机农业发展方兴未艾，注册的有机农场以 20%～30%的年增长率发展。例如，在安大略省，目前共有认证的有机农场有 600 多个，有机种植面积达到 3 万公顷，年增长率为 20%左右。加拿大生产的有机小麦和油菜籽主要向欧盟、美国和日本出口，同时，从美国等北美国家进口蔬菜和水果等农产品。

（三）有机农业的认证制度

加拿大现有 46 个有机农业认证机构，都属于非政府的、非赢利性的独立法人机构。其中比较有名的认证机构有：有机作物改良协会，其总部设在美国，认证范围遍及全世界，重点在北美；安大略有机作物生产者和加工者协会，为加拿大、美国、欧洲和日本的有机产品生产者和加工者提供认证服务，重点也在北美；国际有机论坛，认证重点在美国和加拿大；国际质量保证协会，为大、中型有机生产、加工、贸易者提供国际认可的认证，在加拿大安大略省、美国、墨西哥和日本设有办事处。

这些认证机构主要是对有机农产品生产过程进行认证。与常规农业中生产出来的农产品一样，有机农产品从消费者到经销者、加工者、种植者都有可追溯性。通过认证的基本条件是：不种植转基因作物，农场 3 年内没有施用任何农药、化肥、生长调节剂等。认证的过程比较严格，主要包括以下步骤；①申请者向认证机构提出申请；②申请者根据要求填写申请表格；③认证机构对申请者进行初审；④初审合格后，认证机构派出两名独立检查员进行实地考察，内容包括现场查看、现场提问。同时还要收集资料(5年内种植情况记载表、生产计划、轮作计划、土壤和水源情况、农场地理位置和种植详图)；⑤独立检查员写出实地考察报告并呈交认证机构；⑥认证机构召开专门会议，根据独立检查员的报告讨论并决定是否通过认证。

认证是收取一定费用的。通过认证后，认证机构向有机种植者(或加工者)授予证书并授权使用其有机产品标识(由专门设计的图案和文字组成)。在以后正常的有机农产品生产过程中，认证机构还为有机种植者提供栽培技术、病虫害防治、市场营销等方面的咨询服务。此外，认证机构还加强对已获得认证农场和企业的监管，每年不定期派独立检查员实地进行检查。如果发现问题或者有人投诉，则重新审查其有机资格。

虽然这些认证机构是民办的，但是他们的工作是严谨的、负责的。例如，据安大略有机作物生产者和加工者协会负责人林哈特教授介绍，他们认证过的一家农场，由于邻居农场(常规农业)喷施的除草剂发生飘移，导致其有机作物受到污染,结果其有机农场资格被取消。

(四) 有机农业和食品标准

加拿大目前还没有一个官方正式批准使用的有机农业和食品标准。由加拿大通用标准委员会、加拿大食品检验局和加拿大有机咨询委员会在20世纪90年代共同起草的"全国有机标准"于1999年4月获得颁布。但是，这也是一个农场主和企业自愿执行的标准。

(五) 有机农业的优势、问题和发展趋势

与常规农业相比，有机农业生产中由于不使用化肥和农药等生产资料，所以生产成本相对要低。有机农产品的销售价格一般比同类常规农产品价格高出1倍以上，有机农产品很受那些崇尚自然、关注健康的消费者的青睐，产品一般不愁销路。根据经济分析，价格优势基本可以弥补产量的不足。

但是，有机农产品的生产要求农场主有较高的素质和综合生产技术，有机农产品的生产比常规农业生产劳动强度大。一般来讲，加拿大有机农场的耕作水平比常规农场粗放，有机产品的外观质量（特别是水果）也比常规产品差。有机农产品生产抵御自然灾害的能力比常规农业脆弱，如遇旱灾、涝灾或特大病虫害发生，有机农场将损失严重。有关经济学家分析指出，有机农场的规模越小，盈利的机会超大，反之风险越大。

有机农业最初在加拿大的发展完全是农民和消费者的自发行为，政府的投入和参与甚少，一些加拿大学者批评政府依靠生物技术而不是依靠生态技术来发展农业。近些年来，加拿大的主要农产品贸易伙伴欧盟、美国、日本等国大力发展有机农业，都制定了有机农业和有机产品的国家级强制执行标准，并就有机农产品相互市场准入条款进行谈判。在此压力下，加拿大政府开始重视和加强有机农业发展。2001 年夏天，加拿大农业部宣布出资 140 万加元用于帮助有机种植者把握市场机遇、帮助农民从常规农业向有机农业转变、资助国际有机农业运动联盟会会议及在诺瓦斯科舍省建立有机农业学院中心，另外还有其他项目用于有机农业的鉴定、宣传、培训、区域项目、制定标准及研究等领域。加拿大农业部有关官员日前表示，目前准备自愿采用的"全国有机标准"尽快上升为国家级的强制执行标准。根据规划，到 2010 年，加拿大有机农业的总产值将占全国农业总产值的 10%。可见，有机农业在加拿大的发展方兴未艾，未来还将有更大的发展。

农业知识"点点通"

加拿大有机农业中心

加拿大有机农业中心负责进行有机培训、农场试验和市场研究等活动。他们的图标取意着尊重土地、植物、动物、空气以及水，代表了人类和地球的和谐。

真假有机食品

目前加拿大市面上的有机食品多半进口自德国、美国和日本。德国的有机农业自 1924 年至今，发展得十分成熟，法规也较严谨。凡德国进口的有机食品，从栽种开始就实施严格控管，包装上有 BIO 字样，一定可靠。

若进口自美国，则有 USDA 字样者亦可信赖。值得注意的是，美国的有机食品到了德国，只能算一般食品。两者最大的差别在于，德国规定有机食品不能用基因工程改良的农作物，也不能使用辐射照射杀虫，但在美国则没有此限制。

三、哥斯达黎加的有机农业

31 岁的卡洛斯·纳兰霍是哥斯达黎加圣何塞省的一名普通农民。以前他一直以种植咖啡为生，月收入 100 多美元，但这样的收入很难供养他的家庭，因此他决定寻找新的赚钱方式。

纳兰霍对采访他的记者说："6 年前，我参加了一个政府组织的有机农业培训班，然后就搞起了大棚有机蔬菜种植。生产规模一天天扩大，有一天一个美国商人找到我，说要把我的产品推向周边国家市场。这样，我的事业开始兴旺起来。"目前，纳兰霍的月收入达到了 1000 美元，并已经建起了自己的农场，主要产品有莴苣、黄瓜、西红柿、菠萝、香蕉和洋葱，他的农场还为附近的居民解决了一些就业问题。

纳兰霍仅仅是哥斯达黎加农业发展成就的一个缩影。这个面积仅相当于中国江苏省一半大的中美洲小国，目前在一些农产品方面的出口名列世界前茅，已成为世界上农业大国的强劲竞争对手。

据哥斯达黎加外贸部的统计数据，2005年农业生产占该国国民生产总值的10%，农产品出口额达19亿美元，比2004年增长5.5%，占哥斯达黎加全国出口总额的35%。哥斯达黎加目前是世界第二大香蕉出口国，2005年出口额达4.8亿美元。此外，哥斯达黎加的咖啡在国际市场上素有质优价高的美誉，2005年创汇2.3亿美元。

在传统农产品生产继续发展的同时，2000年以来菠萝、花卉、热带水果、蔬菜等非传统农产品生产也在哥斯达黎加得到了迅猛发展，哥斯达黎加已成为美国市场上木薯、热带水果和橙汁的主要供应国，其中木薯的市场占有率到达了90%。此外，哥斯达黎加还是世界上棕榈油、香瓜和菠萝的主要出口国。

哥斯达黎加的面积只有5.1万平方公里，人口420万，农村人口175万，其中直接从事农业生产的只有27万人。那么，哥斯达黎加的农业是如何取得上述成就的呢？

据哥农牧业部鲁伊斯副部长介绍，哥斯达黎加在农业发展上的主要经验是产品多元化、生产有机化和农业科技化。

据了解，在上世纪80年代以前，哥斯达黎加和其他中美洲国家一样，农业仅仅依靠三种产品：香蕉、咖啡和蔗糖。但随后哥斯达黎加根据国际市场的变化，开始了农业产品多元化的进程，目前出口的农产品有60多种。正是由于这种多种经营的方式，使得哥斯达黎加得以抵消了由于咖啡和蔗糖国际市场价格和供需关系剧烈变动而造成的巨大影响。

产品的多元化不仅对内丰富了农业生产的结构，而且对外增强了农业产品出口的安全。从上世纪 80 年代起，哥斯达黎加对全球农业进行了调研，降低了对基础粮食产品的生产补贴（菜豆、大米、玉米），并降低了这些产品的产量，同时加强了对上述其他农产品以及牛奶、肉类、蛋类的生产，并成为中美洲最重要的供应国家。

阿拉胡埃拉省纳兰霍市传统意义上以种植咖啡为生，在哥斯达黎加农牧业部的指导下，该地区的 2500 多名咖啡农现在开始了产品多样化，不少咖啡园现在都种上了观赏花卉和果树，有的成为了养蜂基地。农牧业部驻当地官员马德里加尔说，这些措施有效地减少了近年来国际咖啡市场低迷给农民造成的损失，而且明显改善了农民的生活，提高了他们的收入。

引进有机农业是哥斯达黎加调整农业发展战略的一个重要措施，目前哥斯达黎加有机农业耕作面积为 1.8 万公顷，并以 35% 的年增长率扩大，现有 3600 多名农民从事有机产品的生产，年出口创汇 550 万美元。

在发展有机农业中，政府起到了很大的引导作用。首先农牧业部对农民进行相关培训，让他们学会最大限度地减少直至彻底摒弃使用农药，农牧业部的技术人员还经常通过上门拜访向农民传授有机农业知识。此外，2006 年还争取到了美洲开发银行提供的 1700 万美元的专项贷款，用于有机农业的培训工作。其次政府还对有机农业给予了政策上的鼓励，帮助农民组建了若干有机农业生产协会，通过这些组织帮助农民寻找出口市场。此外，农牧业部还在国会积极推动制定《促进有机农业法》，这部法律明确对从事有机农业生产的农民给予每年每公顷 75 美元至 90 美元的补贴。

哥农牧业部还专门成立机构负责有机农产品的认证，目前已有 12 个大项的产品通过认证，如芭蕉、香蕉、咖啡、菠萝、土豆、洋葱等。哥斯达黎加有机农业的认证标准已经得到欧盟的认同，因此哥斯达黎加的有机农产品出口到欧盟不需要取得另外的许可，任何一种产品只要通过农牧业部设在全国的 5 个认证处的认证就可以直接出口到欧盟国家，这大大降低了生产成本。

有机产品的价格远远高于普通农产品，为农民增收提供了保障，比如有机咖啡的单价达到每担 125～190 美元，超过普通咖啡价格的 30%甚至 1 倍。在德国市场上，哥斯达黎加的有机咖啡价格要高出其他国家出产的普通咖啡的 60%。

哥斯达黎加在国际上被公认为是自然资源保护好、生态环境优越的国家，这对于发展有机农业来说是个天然的优势。哥斯达黎加是中美洲教育水平最高的国家，哥在发展农业时借助科研力量强的优势，加强和大专院校以及科研机构的合作，和包括哥斯达黎加大学在内的主要高校都签订了合作协议，并在这些大学里设立了联络办公室和科研基地。上世纪 90 年代，又联合国内主要的农业科研机构成立了全国农业技术学院，政府、企业和农民团体都投入了大量资金，用于抗虫害种子以及新的蔬菜品种的培育等。

哥斯达黎加政府从 2004 年起开始实施为期 7 年的科技兴农战略计划，旨在通过农业科技的开发、引进和转让进一步提高农牧业的生产力和竞争力。这项计划分为"农业环境"、"企业及战略农业"、"生产综合机制和农业体制发展"四大部分，提出了实施战略计划的具体步骤和措施，以及行政部门协调、科技人才管理、科研资金汇集和计划实施监督和验收等方面的内容。

此外，农牧业部还在全国设立了 83 个农业技术推广站，通过这些推广站向当地农民传授种植和养殖技术，起到了示范和辐射的作用。

哥斯达黎加科技部已经开始组建全国生物科技创新中心，这是拉美首个生物科技专门研究机构，中心预计在 2008 年初正式启动，其主要研究方向为农业垃圾和废料的再利用、生物燃料、生物防虫、生物制药、有机肥料等。正是凭借着上述措施，哥斯达黎加的农业克服了经济总量小的不利因素，走出了一条自主创新、面向市场的道路。

第三节 欧洲有机农业发展状况

欧洲有机农业和食品生产居世界领先地位，同时也是目前世界上最大的有机食品消费市场。德国则是欧洲最大的有机食品消费市场，占欧洲有机食品销售值的 1/3 以上，在世界上仅次于美国，居第二位。有关专家预计，到 2008 年，德国有机食品占该国食品市场的比重将达 25%。除德国外，欧洲有机食品消费较多的国家还包括法国、英国、荷兰、瑞士、丹麦和意大利。从产品种类上分，以作物产品最多，其次是奶制品、肉类、水果等。由于价格、供货方式、标识、信息等原因，有机食品的销售所占份额还很小，但专家认为，当前经济和社会的许多因素将会促进有机农产品生产的发展。这些积极因素包括消费者对食品安全和健康问题日益关注、政府支持力度加大、有机标识日趋统一并易于识别、欧盟法规进一步完善、大型超市和大公司介入有机食品的营销等。

据估计，2000 年欧洲主要国家有机种植面积达 300 多万公顷，约占欧洲农业用地的 2%。在欧洲，很多种有机食品特别是干果类产品需从世界各地进口，欧洲贸易商不断寻求潜在的有机产品货源，包括咖啡、茶叶、谷物、坚果、干果、香料和食糖。对中国需求较多的产品主要有豆类、籽类、谷物、茶叶、速冻蔬菜等。

如今，有机农业正在欧盟成员国迅速崛起。据欧盟委员会发表的统计数字显示，有机农业在各个成员国的农业生产中所占的比重已经达到 9%～12%。从 1985 年到 1998 年，欧盟各个成员国符合有机农业标准的农场从 6000 多个发展到 10 万多个。近年来在欧盟农业比较发达的国家，诸如西班牙、意大利、希腊、芬兰和奥地利等国的农场达到有机农业标准的年增长速度都在50% 以上。

据了解，欧盟成员国之所以大力推动发展有机农业，是因为有机农业相比传统农业具有几个明显的优势。首先，有机农业是最有利于环境保护的农业生产方式，其产品对人类的健康也最有益；其次，有机农业属于劳动力密集型产业，实行有机农业生产非常有利于农村人口就业；第三，欧盟成员国的农场大都属于非集约化的家庭式经营，而有机农业则正好适合这种方式，它可以使农田得到休养生息，有利于农业的可持续发展；第四，有机农业所生产出来的产品以及由这些产品加工出来的食品有利于人体健康，因此也最受消费者的欢迎。如今在欧盟国家的市场上最具竞争力的食品就是标有 "BIO" 字样的，由有机农业生产方式生产出来的产品。

为了解决农业发展问题，欧盟建立了 4 项结构性的发展基金，其中有一项是农业发展指导保障基金。这是列入欧盟预算中的一笔专项基金，这笔基金分为指导基金和保障基金两部分，其主要功能是为落实欧盟共同农业政策提供必要的财政支持。农业指导基金主要是向欧盟各个成员国结构性的政策提供必要的资金帮助；农业保障基金主要是为欧盟共同市场行为提供资金，诸如干预收购，各项不违背市场准则的补贴，以及支持出口等等。此外还有渔业发展指导基金、地区发展基金和农业社会发展基金。以上基金项目都从各个不同的方面为有机农业的发展提供了重要

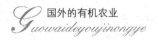

的保证。

有机农业在欧盟各国的发展前景一片光明。据欧盟统计，2002 年全年欧盟市场有机农业产品的市场销售总额将近 100 亿美元，在未来，有机农业所生产出来的产品将会达到 10%的市场份额。根据欧盟的计划，有机农业产品在未来 10 年之内将要发展到占整个市场份额的 20%。

下面就几个欧洲国家的有机农业的发展状况进行简要的介绍。

一、德国的有机农业

德国早在 1924 年就有了有机农业的概念，但是直到 1991 年有机农业在德国还处于由大众传媒宣传鼓动的"造势"阶段，到 2001 年年底，德国已经有 14702 个农业企业在按照"欧盟有机农业指令"的有关规定从事生态农业经营，占农业企业总数的 3.3%，其经营面积的总规模超过了 634998 公顷，占全德农用地的 3.7%；与 2000 年相比，从事有机农业经营的企业数量增加了 15.4%，面积扩大了 16.3%（近 9 万公顷）。有机食品品种达 7000 多种，占全部食品销售总额的 2.4%。德国有机农业发展的一个重要目标是，2010 年德国有机农业土地面积要达到全国农用土面积的 20%。虽然有机农业在整个农业中所占的比例还很低，但其发展速度是非常迅速的。需要说明的是，上述的发展水平指标实际上并不能完全反映有机农业在德国发展的实际状况。因为，一个德国农场要从"传统型"转型为生态型，必须按照欧盟"有机农业指令"的规定，完成 2～3 年的转型期，这在一定程度上造成了有机农业发展水平统计上的滞后性。事实上，在 2001年的"疯牛病危机"之后，德国各级政府都大大加强了对生态农业发展的资助力度，民众对生态农产品的消费需求也大大提高。

不使用化学植物防护剂，针对动物种类采用合适的饲养方法，这种生态农业现在在德国农民中赢得了越来越多的拥护者。从1996年到2004年，按照生态标准运作的农业企业数量翻了一倍，从7353家增加至16603家，生态经营的面积规模也是如此。在上述同一时间段内，这一数字从354171公顷增加到了767891公顷，相当于德国农业可使用总面积的4.5%。生态热在德国每年可创造约2万个新的劳动岗位。生态农业在未来仍会是一个增长市场：仅仅从2005年1月至3月，德国天然食品的销售额与2004年相比就增长了15%以上。

下面将着重介绍德国有机农业的发展情况。

（一）德国有机农业的要求

德国对有机农业较其他欧盟国家有着更高的要求。它必须具备以下条件：(1)不使用化学合成的除虫剂、除草剂，使用有益天敌或机械除草方法；(2)不使用易溶的化学肥料，而是有机肥或长效肥；(3)利用腐殖质保持土壤肥力；(4)采用轮作或间作等方式种植；(5)不使用化学合成的植物生长调节剂；(6)控制牧场载畜量；(7)动物饲养采用天然饲料；(8)不使用抗生素；(9)不使用转基因技术。

（二）有机农业的控制

德国"有机农业协会"的标准高于欧盟的"有机规定"。德国有机农业协会规定，该协会的成员企业生产的产品中，只有当其95%以上的附加料是有机时，才称作为有机产品。如果一个企业欲加入德国有机农业协会，将其产品作为有机产品销售，必须经过3年的完全调整方可。在3年调整期间，企业业主必须提供以下详细资料：其产品是在哪块地上或哪个工厂以何种方式进行生产的，须将整个生产过程及生产所需的设备、原料、附加料记录在案、如购买种子、肥料、植保剂的名称、数量及出处等。

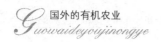
由国家授权的检测中心对申请转入有机农业生产的企业进行检查。检查至少1年进行1次,此外也可不定期进行抽查。如检查不合格,则要延长调整期。

(三)有机农业印章

所有符合欧盟"生态规定"的产品,允许标以生态标识。但是由于产品类型不同,因此市场上出现了许多不同的生态标识,仅德国就有100多个生态标识。2001年9月5日,德国统一的有机印章公布于众。这个生态印章明确告诉人们,"该产品的确是有机的"。统一的有机印章是一个新的开端。它提高了德国有机食品的信任度和透明度;它给消费者提供了巨大的便利;也为经营者提供了机遇。

(四)有机企业的收益

德国1999~2000年度对于150家有机企业的收益状况调查表明,由于有机企业不使用化肥和农药,产品产量有所下降,但有机产品价格远高于传统农业产品,故企业总利润及人均收入仍高于传统农业企业。有机农业不使用化肥和农药,土壤施用有机肥、采用轮作、间作种植方式,提高了土壤肥力,从长远利益看,有机企业产品产量会逐渐高于传统农业,有机农业的发展不仅取决于农业政策的调整,更取决于消费者对有机产品的需求。在拓宽生态产品销售渠道等方面,德国也将采取进一步措施以促进有机农业的发展。日益扩大的有机农业对于经济和社会的有机现代化有着重要贡献,这已在德国国家可持续发展战略中体现出来。它对于德国农业的发展有着不可替代的作用,同样也带来了经济和环境的和谐统一。自20世纪初开始,德国消费者的健康意识不断提高,对健康产品的需求日增,特别是有机产品。有机产品市场正逐步扩大,2004年销售额达35亿美元,较2003年增升11%。

1987 年在德国南部曼海姆开设首家有机产品超级市场的 Al-
natura 是该国主要的有机产品零售商，现有 17 家超市，售卖多
类产品，包括食品、健康产品、家用化学品及成衣等，全部符合
环保原则。其他有机产品超级市场也乘势而起，对 Alnatura 造成
激烈竞争。现在该公司已经占有 28%的市场份额。至 2005 年 4
月底为止，已经有 8 家由不同商号经营的新超市分别在柏林、比
肯巴赫、明斯特、纽伦堡、苏尔茨费尔德、慕尼黑及科隆等城市
开业，它们全部都是有机产品超级市场协会成员。鉴于有机产品
超市来势汹汹，非专门食品零售商急谋对策，在产品线加入有机
食品。随着有机食品潮流不断扩展，传统的连锁店也以"绿色"
品牌作号召，推出有机食品。如果不包括非有机产品，那么这些
新建的有机食品零售商占有 38%的市场份额。生产商直接向消
费者销售有机产品是最重要的销售方式。这些销售渠道包括在农
庄内的小商店和在一般食品市场内的食品档，其市场份额不容忽
视，占全国有机食品销售额的 18%。

（五）德国有机农业的政策扶持

有机农业只使用预防性环保措施，不使用农用化学品，这意
味着更大的工作量、较低的农田产量和饲养产出以及较高的产品
成本。在向有机农业转化的过程中，生产实体有着不可避免的
"阵痛"，转型 2~3 年后才允许出售它的有机农产品，转型至少
12 个月才允许以转型产品标识销售，还要先行开发销售渠道，
增加了经济负担。为了鼓励从事有机农业、保证生产实体的经济
收入，降低有机食品价格门槛，德国实施了政策扶持。

1.扶持的依据。现行扶持有机农业的依据为欧盟 1257／1999
法案的第 22 条至第 24 条。如果各州据"《适合市场和当地情况
的土地使用》的扶持原则"向联邦提出要求，联邦应参加对有机
农业的扶持。该原则是《"改善农业结构和保护海岸是联邦和各州

的共同任务"的联邦条例》的重要原则之一。

2.扶持的财政支出扶持支出由欧盟、联邦和各州承担。在原联邦各州中欧盟承担 50%，在新建各州中承担 75%。欧盟成员国承担的部分，或由各州单独承担，或由联邦和各州共同承担，分配比例为 60：40。

3.对有机农产品生产的扶持。2001 年德国对有机农产品生产的扶持高达 6115.4 万欧元。从 2002 年起，每公顷农田和绿草地，转型生产实体可得到 210 欧元补贴，转型后的生产实体可得到 160 欧元；每公顷蔬菜地，转型生产实体可得到 480 欧元补贴，转型后的生产实体可得到 300 欧元；参加《欧洲有机法案》监控操作程序的生产实体，另外可获得每公顷 35 欧元，但每个生产实体最高不超过 530 欧元；对多年生果树的补贴，头 5 年转型生产实体每公顷可得到 950 欧元，转型后的生产实体 5 年每公顷可得到 770 欧元。各州最多可增加 20%或最多降低 30%。

4.对有机农产品的加工和销售的扶持。根据《"改善农业结构和保护海岸是联邦和各州的共同任务"的联邦条例》的另一原则"扶持有机农产品或地区农产品的加工和销售"，1990 年以来这方面的支出达 1713 万欧元。

5.对生产者合作社的扶持。"起动扶持补贴"用于建立有机农业生产者合作社，1990～1998 年的扶持补贴资金高达 1500 万马克。补贴最高可达建立生产者合作社费用的 50%，从 2002 年起取消最高为 7.5 万马克的限额。生产者合作社增加了新加工程序或接受了新成员还可得到"合作化扶持补贴"。

6.对投资有机农业的扶持。1990～1998 年提供的"投资扶持"补贴达 13907 马克，从 2002 年起，投资补贴由原 30%提高至 40%，和欧盟合作投资的补贴也由原 35%提高至 40%。

7.对有机农业管理的扶持。2002 年增加了"环境和质量管理体系的引进与首次认证"的新扶持项目，扶持补贴最高可达费用的 50%，3 年最高限额为 10 万欧元。

8.有机农业联邦计划。德国新启动了《有机农业联邦计划》，作为对已实施的扶持政策的补充。联邦计划共启用了 7000 万欧元的政府预算资金，在 2002 年和 2003 年两年内。采取 30 项具体措施，继续改变有机农业发展条件，推动买方和卖方市场的平衡快速增长。

9.有机农业资助奖。联邦消费者保护营养农业部设立了"有机农业资助奖"，一年一度颁发给对有机农业的改善、生产技术的改进、友好对待环境和消费者方面做出杰出贡献的农业生产实体和企业，奖金为 2.5 万欧元。

农业知识"点点通"

德国纽伦堡国际有机食品博览会

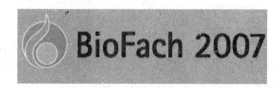

德国纽伦堡国际有机产品博览会(BIO FACH)由德国纽伦堡展览公司组办，国际有机运动联盟(IFOAM)赞助，于每年 2 月在德国纽伦堡国际商展中心举办，是目前全球规模最大的专业的国际有机产品博览会。1990 年，德国成立了世界上最大的有机农产品贸易机构——生物行业商品展览会。自开展以来该展览会已受到世界各地越来越多人群的关注。展会汇集了各国从事有机农业生产、加工和贸易，以及有机农业与有机产品研究、开发、咨询和认证工作的企业及机构，其根本目的就是通过全世界各地有

机产品的展览、交流，推动全球有机农业的发展，确保越来越多的人们享受到健康、安全、环保的产品。随着有机运动的推广，除德国外，现在每年在日本、美国和巴西各举办一次BIO FACH展览；有机产品的种类也向更多类别发展。BIO FACH展览会促进了高质产品尤其是有机产品在国际贸易中的比例，为有机行业和有机领域提供了一个创造性的平台，为世界各地的成员组织提供了巨大的机遇。BIO FACH已成为全世界规模最大的有机产品展售会之一，每届展会参展单位逾2000家，参观者数万人。

生态印章

一个绿白色的小六角形使一切清楚明了：在德国超市和生态食品屋，近3万种产品印上了这种生态章。消费者看一眼就可以决定购买生态农业种植的商品，现在他们购买此类商品越来越多了。2004年，德国售出了约35亿欧元的生态食品。德国人非常重视牛奶和奶制品的优良品质，这一领域的生态食品已经占到15％的销售额。制造商们调整自身以顺应顾客的愿望：没有其他国家比德国生产的生态产品更多的了。因此，生态章在如此短的时间里比其他任何商标更加获得成功，这也就不足为奇了。自从2001年引入国家商品质量章以来，平均每天有20种产品获得此章。生态分级标准很严格：食品不能用化学植物防护剂处理过，不得是转基因产品，而且只允许出自于针对动物种类所采用的合适的饲养方法。

二、法国有机农业的发展

(一) 法国有机农业现状

自从上世纪 80 年代以来，有机农业在法国得到了迅速发展。法国农业及渔业部 1997 年 12 月发布了"有机农业发展中期规划"，以促进有机农业的发展。这一计划涉及到了建立国家范围内的有机农产品市场，应该以满足消费者的需要为目标，并将有机农业的观念置于法国农业的核心位置。有机农业有可能成为未来法国农业可持续发展的发动机。为了充分认清有机农业在国土整治和环境保护中的作用，该计划确定了 5 个目标，最终在 2005 年使有机农业经营者达到 25000 个，有机农业耕种面积达到 100 万亩。

在有机农产品的质量、有机农场的数量以及相关信息技术上，法国"自然和进步"农产品协会于 1972 年制订了第一批有机农场和农产品的标准。1981 年有机农业已通过了立法，政府对有机农产品进行登记。1985 年"AB"（即生物农业)标识的农产品已投放了市场。由于政府制定了严格的标准，法国的有机农业在国内及周边国家得到了广泛的承认，并已成为有机农产品的出口国，欧洲 40%有机农业土地在法国。

相对于其他欧盟国家，法国政府对有机农业的拨款起初非常少。1998 年政府对有机农业的拨款大幅度增加，达到 900 万欧元。1997 年 12 月，由于国内有机农产品的需求量增加（年增加 20%），农业部颁布了一项计划即"生物农业发展和促进计划"来促进有机农产品的生产。该计划还包括 1230 万欧元的拨款来刺激和改进有机农产品的生产、分布和销售，目标是让 100 万亩的农田改种有机农产品，到 2005 年有机农产品的数量增加至 2.5 万种。在法国，有机农场只有在转化为效益后政府才给予支持。

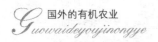

有机农场没有特殊的政府津贴，在效益转换期间，每个农场可获得政府支持的最高补助金额为 75770 欧元。

（二）法国有机食品和认证

法国的有机产品种类相对来说仍然有限。主要有：谷物、加工的小麦、奶制品、新鲜或加工的水果和蔬菜、婴幼儿食品、肉类和禽类。有一半的有机产品为植物源，如婴幼儿食品、果汁、蔬菜汁等。动物源的有机产品主要为奶制品和香肠。从法国有机农业面积的比例来看，主要是有机农民经营的牧场和草场，这一部分所占比例高达近 70%；其次是种植业，约占 18% 左右。其他还有有机蔬菜、水果、有机葡萄酒等，这些所占比例虽然较小但呈现出了良好的发展势头。伴随着有机农业的不断发展，有机农产品食品生产也在快速发展。法国 1997 年有机农业食品加工企业为 1500 家。1999 年各种规模的有机农业食品加工企业则达到了 4700 家。这一数字表明在两年内，法国有机农业的食品加工企业扩大了近 2 倍。实际上法国整个食品加工领域都或多或少地涉及有机农业食品加工的问题。

法国各有机农业认证组织 2002 年新登记的有机农场为 777 家，总数达到了 11777 家，这一数字是 1995 年的 3 倍。法国农场的总数为 65 万家。在新增的有机农场中畜牧行业占了相当大的比例，其中有机奶牛场的数量增加了 21%，有机山羊牧场增加了 12%，有机绵羊牧场增加了 9%。法国农牧部下设 6 个有机农产品的质量监督机构，其中有 5 个组织是有机植物和动物产品生产的批准机构。法国对有机农产品有专门的标识，即 AB 标识，为法国独有。法国 95% 的有机产品均有 AB 标识，由质量监督机构认证。

（三）法国有机食品的销售

有机食品的加工主要是那些小规模的或中等规模的传统手工

加工企业，这些企业常常能生产一两种专一性的产品，并在当地销售。而那些大的食品加工企业，主要由食品公司投资，全国大约有700家食品加工企业，主要加工奶产品和谷类产品。谷类产品包括面粉、面包、早点、饼干等，有机加工的产品每年以17.5%的速率递增。

有机产品的消费人群主要有以下几类：环境保护主义者和动物权益保护者；健康和长寿主义者；易受媒体影响者，其中有一半的消费者是行政管理人员或职员，年龄在25～49岁之间。

1998年，进口到法国的有机农产品价值为5000万欧元。进口的农产品中，大约有40%是从非欧盟国家(如非洲、美洲和亚洲一些国家)进口的，这些产品包括各种水果(如鳄梨、杜果、香蕉、柠檬)、咖啡、茶、谷类。其余60%是从一些欧盟国家进口，如果汁、谷类产品、奶产品以及其他产品(如速冻食品、肉制品等)。在过去的几年中，由于法国国内生产供给小于需求，一些奶制品和肉产品从德国进口。此外，也从北欧一些国家进口当地特产的农产品，这些进口的有机农产品约占法国有机食品市场的70%。法国有机农产品的17%用来出口，麦类产品出口到德国和北欧一些国家，大多数日用品、肉类、禽蛋类、水果、蔬菜出口到邻近的一些欧盟国家。

上世纪90年代，有机农产品主要是通过专门的自然食品商店或保健食品商店销售。而今天，更多的是在超市销售，也有一些专门的销售商店，现已经形成多样化的销售网。这些销售商多数是生物有机农业协会的成员，在全国共有179个销售摊点。生物有机农业协会是自1987年以来的一个很成功的组织。今天，有50%的有机食品是通过超市的连锁销售，其余的则通过保健食品店销售，或者直接销售。在露天食品市场销售有机食品的售价比常规食品平均高25%～35%。大多数连锁超市有自己的有机食品标识，销售一系列的有机食品，品种多样，包括奶制品和新鲜食品等。有机食品在法国的销售渠道中，超市占了45%，保健食品店和露天食品市场占30%，其他杂货店占10%，直接销售占10%。

（四）政府扶持和保护政策

从1998年开始，法国政府对向有机农业转型的"转型信贷"进行了财政支持，力度增加了近4倍，1999年财政支持达到了9600万法郎。这项政策是作为农业与环境建设的一部分来进行的。从2000年开始这一财政资助被列在了国家开发合同里。国家每年有将近1亿法郎的专款用于帮助有机农业的转型。同时，为了促进法国有机农业的发展,政府每年还针对有机农业促进社会协调和环境保护等方面而给予了一定的资助等。

欧盟和法国有关有机农业的法律条文为法国有机农业的发展提供了基础和保证。其有机农业及其产品生产、加工、销售等各个环节都必须严格按照有机农业法律条文执行，由于是在社会的监督之下，从而得以保证了质量和信誉。

法国在有机产品方面还设有另外的法令来配合欧盟的法令规定。法国的这项法令包括了有机产品的生产方式和欧盟法令里未涉及到的领域。从而进一步明确了欧盟法令的执行条件，此外，还颁布了一些更为严格的条款。如法国在2000年8月28日通过部际委员会制定了法国在有机动物饲养方面的法令。现在法国所有的动物饲养者都必须遵循这项法令（不仅仅是有机动物饲养者）。这项法令在以下几个方面比欧盟的法令更为严格：①2008年之前必须把所有农场的动物饲养转变为有机动物饲养；②动物的饲料必须有一定的比例由农场自身提供；③更加严格地规定减少用药物治疗动物的疾病和寄生虫；④更加严格地规定缩小动物大棚的规模。

农业知识"点点通"

"生物农业"（AB）标识

法国在 1980 年制定了一些规定，以保护生物农业。欧盟在 1991 年才通过了生物农业的生产和检查的严格规定。在生物农业的生产中，只能使用有机肥和有关清单中规定的植物保护产品。农户应向公共政府部门申报自己的生物农业生产经营活动，并接受有资格的独立的私营机构的检查。生物农业产品的标签上带有"生物农业"的标识和 AB 识别符号。"生物农业"（AB)标识保证某种食品是通过生物生产模式生产的。在生物生产模式中，禁止使用合成化肥。

青睐"绿色食品"，消费者可以专挑贴"生态农业产品标签"的食品。贴上这个标签，那就表明至少 95%以上的配料经过授权认证机构的检验，肯定符合欧盟法令规定，是精耕细作或精细饲养而成，没用过杀虫剂、化肥、转基因物质，含副作用的添加剂的使用也受到严格限制。

三、意大利有机农业发展现状

（一）意大利有机农业概况

20 世纪 70 年代有机农业在意大利出现以来发展迅速，90 年代成为欧洲最大的有机食品生产国。在全球仅次于美国而居第二，到 2000 年年底，意大利的有机农业面积达到 104 万公顷，约占农业土地面积的 7%，占欧盟有机农业总面积的 25%。有机农场约占全国农场数的 2%。其中有 1330 个农场拥有有机食品加工厂，共有有机食品加工和贸易公司 2817 家，另有有机食品进口商 67 家。

（二）意大利有机产品的种类和种植区域

到 2000 年年底，意大利全部实行有机管理的土地中，有 40% 种植饲料，16% 为牧地，9% 种植谷物（大麦、小麦、水稻、玉米），19% 为果树（柑橘、苹果、桃、梨）和橄榄树，此外，还有 6% 为蔬菜和工业原料作物。

意大利南部（包括西西里岛和撒丁岛）集中了主要的有机农场，其余主要分布在中部和北部。普利亚是意大利南部地区的主要有机产品产地，有机土地面积 13 万公顷，占南部地区总面积（不包括西西里岛和撒丁岛）的 54%。有机产品主要作物是硬质小麦、橄榄树和蔬菜。西西里岛的农民主要种植果树、谷物和橄榄树，1997 年该岛的有机农业面积曾占到意大利全国总面积的近 1/4。由于其他地区发展速度的加快，到 20 世纪末，该岛所占比例已经降为了 15%。撒丁岛的农民以养羊和生产羊乳干酪为生，自从 20 世纪 90 年代中后期该地区的牧场被纳入有机认证的范围后，有机农业就得到了快速发展。到 1999 年年底，有机土地发展到了 30.4 万公顷，占全国有机土地的 32%。

托斯卡纳和伊米莉亚罗马纳是 20 世纪 80 年代早期有机运动的先驱。作为意大利中部地区的主要有机产地，托斯卡纳拥有机土地 4.5 万公顷，占中部地区总面积的 36%，其中 60% 的有机农场种植橄榄树。伊米莉亚罗马纳是意大利北部地区的主要有机产品产地，有机土地面积为 8.2 万公顷，占北部地区总面积的 57%，种植的主要作物是谷物、果树和蔬菜。

（三）有机产品的销售

从 1999 年开始，意大利有机食品销售增长很快，年增长率均在 20% 以上。2000 年意大利的有机食品销售值为 28000 亿里拉(约合 14.5 亿欧元)。一个历时 3 年的经济分析显示,由于有机食品与常规食品的价格差异比较大(有机谷物的价格要比普通谷物高出 30%~40%),使得有机农场要比普通农场收入高出很多,从而导致了很多传统农业主加入到有机生产中来。

在意大利,消费者对有机食品有着较高的认知程度。2001年 9 月的一个调查显示,73%的意大利人能够说出有机食品的正确定义和主要特性,大约有 48%的意大利人消费有机食品。有机食品主要消费人群年龄为 30~45 岁,大多居住在城市或北方较大的城镇中,这些人接受中上等教育水平且收入中上等。拥有较高工业和经济发达的北部地区是意大利最大的有机食品消费地。

在意大利,有机食品通过几乎是遍布全国的营销渠道以不同的方式销售。首先是有机食品专卖店,意大利大约有 1000 家专门销售有机食品的专卖店。其中 2/3 位于北部,这些专卖店中大部分为独立商店。此外,最近几年所有大的超市均设置了有机食品销售专区。销售种类最多的达 300 多种,1999 年带有有机食品销售专区的超市数量超过了有机食品专卖店。

在意大利大约有 100 家有机餐馆,这些有机餐馆大多位于北部和中部地区的大市镇中。另外在学校中迅速发展有机自助餐。在罗马、都灵、帕多瓦等大城市中已有 10 多万所托儿所、幼儿园的孩子和中小学学生就餐于这种有机自助餐厅。

除国内销售外,意大利生产的有机食品有 1/3 以上用于出口。主要出口产品有水果、蔬菜、橄榄油、葡萄酒、干酪、酱油、调味品、意大利奶制品、冷冻食品、干果、工业加工食品和谷物等,出口地主要是欧洲国家,也有部分出口到美国和日本。

有机农业发展的同时也带动了意大利的生态度假旅游。意大利约有 400 个环境良好并能提供度假服务的有机农场,主要集中于托斯卡纳。这些有机农场的旅游服务从一顿简单的饭菜到为时一周的假期活动，也可以让游客参加农场劳动和传统手工艺品制作。在环境协会和受到启迪的当地行政部门的通力协作下，国家公园和保护区内的有机农业也取得了可喜的发展。

目前，意大利正在制定第一个生态旅游标准。这个标准将要求有机度假农庄遵守包括生态学实践和原则在内的一系列规则，并能与当地风景和地域文化遗产评价接轨。

（四）有机产品的相关机构介绍

意大利由农业部从 1990 年开始负责对有机认证团体进行审核登记，至今共有 9 个符合条件的有机认证团体获得了注册登记。其中以 AIAB 认证的农场数最多，土地面积最大。部分团体还从事有机食品的生产、向农民提供生产技术指导和推广服务。

探索协会是一个地区性有机食品生产者协会。它拥有一定的公共基金，除了进行一些试验研究和示范之外，还可为其成员提供技术推广、培训、市场服务，并对当地有关部门进行游说和疏通。

FIAO 是一个由有机（包括生物动力学）食品的主要生产者和有机认证机构组成的联盟，该联盟处理一些行政事务，并向公众宣传有机农业。

生物银行是一个致力于向有机食品的消费者和生产者介绍有机农业的出版机构。除出版相关书籍之外，也出版信息服务期刊——"生物传真"，该期刊每两周 1 期。另外，其因特网站点也提供丰富的信息服务。

绿色行星是一个有机和生态协会网络，它通过因特网运行，每周出版一份免费的电子邮件通信，内容包括相关的贸易和法律新闻及新闻评论。此外，还与有机食品贸易合作，每周出版 1 份免费的通讯，收集有机产品的分类供求信息。

CEDA 通过提供文件和信息，进行有机栽培示范、组织培训、研讨会和农场漫游来促进有机农业的发展，并出版一个有关有机葡萄栽培和有机葡萄酒酿造的周刊。

意大利国际有机农业运动联盟会成员协调会。意大利已有30多个国际有机农业运动联盟会成员组织，其中包括管理和认证团体、有机生产者协会、有机文化协会、研究所、合作社和营销商等。他们的大多数也参加意大利成员协调会。

地中海有机农业论坛是在意大利创建的一个国际有机农业运动联盟会地区组织，每年均在不同的地中海国家召开地中海有机农业论坛会议。

在一些地区发展项目的帮助之下，有越来越多的农场转换为有机生产方式。在国内外市场强大需求的推动之下，有更多的农场和食品加工企业正在开始向有机生产方式转换。由于意大利国内有机食品市场的发展，传统农业和畜牧业的持续危机以及一些有机推广和市场服务项目的启动，预示着意大利有机食品产业的乐观前景。

第四节 大洋洲有机农业发展概况

这节主要介绍澳大利亚的有机农业发展情况。澳大利亚是个幅员辽阔、资源丰富而人口稀少的国家，澳大利亚是世界上干旱少雨的地区，淡水资源比较缺乏。澳大利亚作为农业大国，人均农业资源在世界上位于前列，农业具有较强的国际竞争力，农产品国际贸易在世界上占有较大份额。澳大利亚约有460万平方公里的农业用地，约占全国总面积的60%，但可适于耕种的土地仅有50万平方公里左右，这意味着绝大部分农业用地为牧场和林地。2001～2002年度，澳大利亚农业总产值为426.5亿澳元，农业增加值为 276.6 亿澳元。由于特定的地理条件，澳大利亚政府和民间特别注意生态资源的可持续发展。近年来，有机农业在澳大利亚发展迅速。下面介绍一下澳大利亚的有机农业发展状况。

(一) 有机农业发展概况

多年来，澳大利亚一直致力于本国有机农业的发展。截止 1995 年，澳大利亚从事有机食品生产的农场主有 1462 个，约占全澳农场主总数的 1%，其中 22%的有机农场主从事有机食品生产超过 10 年，44%的有机农场主从事有机食品生产还不到 5 年；有机农场认证面积为 335000 公顷，其中 69%的耕地种植大宗农产品，8%的耕地种植园艺作物。有机食品销售额由 1990 年的 2800 万澳元增加到 1995 年的 8050 万澳元。在有机农场主结构中，从事园艺的占 75%，从事大宗农产品种植的占 12%，10%的有机农场主从事畜牧业。在园艺业中生产水果和坚果的占 55%，生产蔬菜的占 30%，生产香料的占 24%。从区域上看，该国维多利亚省有机食品发展较为迅速。

目前，有机农业从产量、种植面积和农场主人数三个方面综合量占全省农业的 3%，有机食品 36%出口。在过去 10 年，由于土壤和水质改变以及化学品的过量或不当使用使全省农业损失 2 亿澳元（全澳农业损失超过 10 亿澳元），针对这种情况，全省制定了 1995～2000 年农业持续发展规划，目的是保护全省农业资源和环境，提高农业长期生产能力。该规划确立了 12 个重点领域，其中病虫害综合防治、生产洁净食品和纤维、合理使用化学投入物三个领域是围绕提高农产品及其加工品质量进行的，计划将人、财、物资源的 12%、3%和 1%分别用于上述三个领域。同时该省将在今后的五年内投入 3400 万澳元用于有机食品的认证，以进一步推动该省有机食品的发展。

（二）有机农业组织和协会

目前，在澳大利亚经过联邦检疫局审批的有机农业认证组织有 7 家（包括联邦检疫局本身），其中比较大的是两家：澳大利亚持续农业协会(其标识是 NASAA)和澳生物动力学农业协会(其标识是 BDAAA)。澳大利亚持续农业协会成立于 1986 年，是一个非赢利性质的有机食品认证民间组织，现有会员 500 多个，成员分别来自生产、加工、批发、零售、科研、教育、消费领域。澳大利亚持续农业协会的宗旨是：保护自然资源，生产健康食品，提高农场经济效益，保护动物权益。工作范围包括：检查和认证有机农场和加工企业；游说政府支持有机农业发展，为农场主、消费者提供信息服务；鼓励和支持有机农业教育。近几年，澳大利亚持续农业协会先后制定了有机食品的生产标准和加工产品标准，并根据这些标准系统地开展认证工作。目前，经澳大利亚持续农业协会认证的有机农场面积已达 123407 公顷，约占全澳有机农场面积的 1/3。

澳大利亚持续农业协会认证的基本程序是：生产者提出申请澳大利亚持续农业协会提供标准和认证资料→填写申请报告澳大利亚持续农业协会检查员实地检查→检查复审委员会检查报告→认证协调员审核申请报告和检查报告→澳大利亚持续农业协会与申请者签订合同确定产品级别(有机／过渡产品)。

使用澳大利亚持续农业协会的产品认证标识须缴纳一定的费用，基本标准是：初级产品每年收取产品销售额 1%的费用；加工产品每年收取产品销售额 5%的费用。旨在改良土壤和保护土壤的生物动力学农业在澳大利亚开展了 50 多年，上世纪 50 年代中期澳大利亚生物动力学农业协会成立。成立该协会有两个基本目的：改良土壤，培训农民。生物动力学农业是一个封闭的、自我循环的系统。其基本原理是：农场主培育土壤，土壤培育农作物。这些均通过自身方式进行而无需使用可溶性化学肥料和其他化学品投入物。当条件符合由常规农业向生物动力学农业转换时,农场主可向生物动力学研究所申请使用"德米特(Demeter)"注册商标。德米特是古希腊农业女神的名字。它是一个国际商标,1967年在澳大利亚注册。使用该商标的基本条件是通过改良土壤,保证农作物自然生长。"德米特"标识认证产品分为A、B、C三级。

(三)有机食品的标准和认证体系

澳大利亚的有机食品发展迅速,认证体系也与世界接轨。严格的认证体系为澳大利亚有机食品的食品安全和出口提供了强大的支持。1995年,联邦检疫局制定了《有机和生物动力食品认证组织管理条例》,旨在为出口有机食品提供管理体制,并确保产品质量符合国家有机食品标准和生物动力食品标准。该管理条例规定,全澳所有有机和生物动力食品认证机构必须经过审批,并按照全国有机和生物动力食品标准制定认证方案,开展认证工作,该条例还对认证组织应符合的基本条件、承担的权益责任、审批程序等作了明确的规定。

目前,该管理条例只适于有机和生物动力食品团体认证组织,个体认证管理条例正在制定。澳大利亚有机产品全国标准由有机生产指导委员会完成。1992年,有机生产指导委员会推出了有机和生物动力食品全国标准,并于1994年作了修订。有机产品全国标准的主要内容包括:适用范围、生产条件、认证和检查系统、标识管理。同时标准还对有机农业生产原则、农业投入、检查条件及防范措施等作了明确规定。目前,作为出口有机产品技术标准,澳大利亚已得到欧盟委员会承认,其地位与欧盟有机食品条例对等。在有机食品民间认证机构中,澳大利亚持续农业协会的标准比较完善。1993年,澳大利亚持续农业协会制定了有机农业生产标准，这个标准对有机农业生产的基本生产操作规程、生产资料的使用以及认证程序和管理办法进行了说明。并界定了 A 级有机食品和转换期有机食品的基本条件。1996 年，澳大利亚持续农业协会又颁布了有机食品和纤维加工产品标准。该标准分三个部分：第一部分是对有机食品和纤维加工者的基本要求；第二部分是分品种的有机食品加工产品标准，包括粮食、蔬菜、乳制品、水果、植物油、肉类、酒类、咖啡、茶叶等品种；第三部分是食品添加剂使用规定，包括允许使用的添加剂、限制使用的添加剂和可以接受的加工辅料。澳大利亚持续农业协会的标准等同于或高于全国标准和国际有机农业运动联盟会的基本标准。

（四）有机产品贸易

在澳大利亚，随着越来越多的消费者对有机食品感兴趣，市场需求也日益扩大。除去在农场成交、易货贸易、直销给朋友外，全澳有机食品销售量占食品销售总量的比重由 1990 年的 0.1%上升到 1995 年的 0.2%，全国有机食品的平均消费水平是每人每星期 0.09 澳元，最高的是维多利亚省，人均每星期 0.13 澳元。在产品的销售方式上，50% ~ 60%的有机食品是批发销售，由农场主直接销售给消费者的有机食品不超过 10%。大多数有机食品一般在当地销售，如西澳、昆士兰省、维多利亚省分别有 96%、64%、39%的有机食品在当地销售。有机食品价格平均要比常规食品价格高 35%，但据调查，35%的人认为有机食品销售成本要比常规食品高，原因是全国性和区域性有机食品储存、运输以及销售系统尚未建立以及生产者之间缺乏销售联合。澳洲有机食品境外主要市场在欧洲、日本、新加坡、香港等国家和地区，一部分有机水果汁出口到北美地区。

澳大利亚的地理位置和和资源决定了本国农业的发展模式，

多年来，一直发展自己的特色农业，由于近年来环境的恶化和气候的变化，澳大利亚的自然环境也不容乐观，所以政府对可持续发展越来越重视，同时，由于人们对食品安全的重视，和澳大利亚农产品主要是出口等原因，相信有机农业在澳大利亚一定会有一个乐观的前景。

第五节 亚洲有机农业的发展

一、日本的有机农业发展

(一) 日本有机农业的发展现状

在日本，有机农业的思想起源比较早，1935 年，日本宗教和哲学领袖冈田茂吉(有时也称冈田吉茂)就倡导"建立一个不依赖人造化学剂和稀有自然资源的农业生态系统"，也就是"自然农法"。日本的"自然农法"与当前所谓的"有机农业"相似，均主张农产品应以无农药、无化学肥料的方法生产，以确保农产品的自然风味和"健康"，生产符合人类需要的粮食。

"自然农法"的思想是人类利用自然的法则，依赖土壤与生物间的循环生长，利用自然生态体系的组合原理，生产或制造人类所需的粮食。鼓励人们利用阳光与水土的能源，产生农作物生长所需的营养，同时用自然安全的堆肥补充农作物所需的养分。

创建"自然农法"的冈田茂吉认为：土壤是"自然农法"的关键，肥沃、健康的土壤才能发挥生态应有的能力。因此，在土壤育成方面，冈田所秉持的理想是"尊重土壤、爱惜土壤"，使土壤尽可能不受外来污染。也就是说健康的土壤，始能生产符合人类所需求的健康食品。提倡"自然农法"的冈田，后来将之付诸实践，着手开发"自然农法"农场，生产健康食品。其所生产的蔬菜、水果、香菇、家禽等农产品在市场销售，不但售价高出一般产品很多，而且还经常供不应求。20 世纪 60～70 年代日本经济高速发展，伴随着大工业的发展，农业现代化推进，农业环境日益受到破坏，化学制品特别是化学农药在农产品中残留越来越被人们关注，日本民间一些人士纷纷探索保护环境、发展自然农业、有机农业生产体系，并相继产生一批自然农业、有机农业的民间交流和促进组织。比如自然农法国际基金会大地保护会、日本有机农业研究会、日本有机农业协会等，生产并向消费者提供无公害、清洁、有益健康的自然食品、有机食品。

日本的消费者，尤其是城市的消费者对农产品和食品的安全性感到焦虑，对由此产生的人体健康，特别是对孩子的健康问题感到忧虑，他们开始寻求没有污染的食品；与此同时，一些农民也意识到农药化肥对人类和牲畜的危害，以及对土壤肥力的影响，也在开始尝试实践有机农业，这就给有机消费者和有机生产者达成默契提供了机会，日本有机农业协会就是在这种情况下成立起来的。开始时，日本有机农业协会将有共同愿望的消费者和生产者联合起来，鼓励消费者和生产者之间互相帮助。使有机农产品的生产者与消费者之间要形成"面对面相互信赖关系"。蔬菜等有机农产品都采取"产销合作"的形式进行销售。发展到后来，日本有机农业协会将这种消费与生产的关系发展成消费者与生产者之间的合作伙伴关系，日本的有机农业和有机食品就是这样发展起来的。

由于有机农产品安全、卫生、优质，且流通方式上采取了"产销合作"的方式，有机农业与有机食品越来越受人关注。由于市场需求量增加，日本的有机农业发展面积逐年扩大。20 世纪 80 年代后期到 90 年代，日本有机农业迅速发展。这一阶段，政府对有机农产品开始实行监管。为推进有机农业的发展，政府允许都道府县自行规划、管理有机农业的生产和销售，并可批准设立相关的有机农产品认证机构，实行有机认证制度。

据日本农林水产省分析，到 2001 年年底，全国从事环保型农业的农户达到了 50 万户，占农户总数的 20.6%。政府确定环保型农户的标准是拥有耕地 0.3 公顷以上、年收入 50 万日元以上。经农户申请，并附环保型农业生产实施方案，报农林水产县行政主管部门核实审查后，报农林水产省审定，对合格的确定为环保型农户，银行可以提供额度不等的无息贷款，贷款时间最长可达 12 年，在设施建设上，政府或协会支助 50% 的资金扶持，在税收上第一年可减免 7% ~ 30%，往后 2 ~ 3 年内还可酌情减免税收。

另外，对有一定规模生产和技术水平高、经营效益好的环保型农户，政府和有关部门可以作为农民技术培训基地、有机食品的示范基地、生态农业观光旅游基地，以提高为社会服务的综合功能。高知县西岛的有机农业园艺场是由 8 家农户出资，加上政府和协会支助，于 1971 年建成的股份制民营设施有机农业园艺场。全场现有占地面积 6 公顷，其中 3.7 公顷是高标准环保型设施生态农业。现有固定资产 1.6 亿日元，包括临时工在内的工作人员 42 人，其中管理人员 7 人，在工人中有 20 人出自 8 家农户。主要种植西瓜、草莓、网纹甜瓜等，产品除合同定购直销消费者，获得良好的经济效益外，每年还有 13 万人以上接受农民技术培训或观光旅游与采摘，每年收入 5.5 亿日元左右，利润 6000 ~ 7000 万日元。其中，农产品销售额 4 亿日元，利润 4000 ~ 5000 万日元，门票收入 1.56 亿日元，利润 2000 万日元以上。

20 世纪 90 年代以来，日本有机农业发展处于停滞徘徊阶段。随着人们生活水平的不断提高，对有机农产品需求量越来越大，不少商社、商贩和饮食加工业者觉得有利可图，于是纷纷加入到这一行列，有机农产品流通销售渠道实现了多元化，大型批发市场、大卖场、饮食加工企业都在经营销售有机农产品。在以前，是由生产者决定价格，但是现在则转为由商贩决定价格，有机农产品市场竞争日趋激烈。另一方面，由于日本市场上既有完全不用农药、化肥的有机栽培农产品，又有各类特别栽培的农产品(指无农药栽培、无化肥栽培、减农药栽培、减化肥栽培等)，一些地方出现了仿冒、假冒有机农产品。再加上不少私人认证机构执行多样化认证标准，因而一段时期有机农产品在市民中的信誉不断下降。市场上的产品消费呈现混乱的状态，对生产者与消费者都造成了不良的负面影响。为了解决这些突出问题。规范有机农产品市场，日本政府在加强市场调研的基础上，加大了对有机农产品的监管力度。

(二) 日本有机食品的种类和销售

和欧美国家相比，由于特定的地理条件，日本有机农业主的经营规模比较小，有机农业主要以农作物栽培为主，有机畜牧业发展相对薄弱。在实行有机栽培的作物中，稻米占五成，蔬菜占三成半，其余为果树与茶，各占半成左右。

日本的有机农产品流通的最大特征是十分重视直销。从总体来看，在日本有机农产品流通与消费方面，有以下四大发展特征：

1.注重食品的安全性

日本的有机食品市场每年以 30% ~ 40% 的速度快速增长。受疯牛病、口蹄疫、O157 等冲击，市民对食用农产品的安全、卫生、新鲜提出了更高的要求，有 80% 的市民都把食品的安全作为第一选择。

2.鼓励销售宅配化

就是有机生产者将有机产品直接送到销售点或者消费者家

中。政府和各类协会都鼓励有机农产品销售实行宅配化，专业配送组织或生态协会与有机栽培农家每一时期确定好农产品价格后，按照消费者的预订，每周进行 1~3 次的配送。产品售后的利润，70%给生产者，20%给配送组织或生协，10%给分送点。配送组织或生态协会在销售上大多采取会员制的办法，并根据各会员每年的消费数量，将一小部分利润返回给消费者。目前日本的消费者在任何地方都可以通过便捷的配送服务品尝到有机食品。

3.推行订单产销

连锁超市或大卖场与有机农产品生产基地通过订单联结在一起，有机食品销售实行专柜化。如佳世客商社在全日本设立了200 多处专柜，销售有机蔬菜六七十种。1996 年销售额为 30 亿日元，1999 年达 60 亿日元，2000 年超过 300 亿日元。伊藤忠商事与山梨县大泉村 300 多家农户实行订单有机农业，2000 年有机蔬菜销售额达 100 亿日元。

4.加强产销沟通交流

为了促进有机农产品的流通与销售，日本十分注重加强生产者与消费者之间的相互沟通，通过多种形式，在两者之间架起理解的桥梁。各地的有机农业协会都定期或不定期地举办有机农业节、有机农业体验教育，通过印制分发宣传资料，举办有机食品品尝会或演讲会以及开展有机农业相关调查等，从多个侧面加强生产者与消费者之间的交流。从而调动了不少消费者主动参与有机农业活动，并为发展有机农业献计献策。

（三）日本有机产品的认证体系和政策

与欧美等国家不同，日本的有机农业政策是建立在国土狭小、农产品自给率低的国情基础上，侧重于农业的保全国土功能，主张有效地发挥农业所具有的物质循环功能，使有机农业与生产效率相协调,通过土壤改良减轻使用农药、化肥等造成的环境负荷,兼顾"食"与"绿",即提高农产品自给率与环境保护并举。

1987年日本政府公布了自然农业技术的推广纲要,逐步将自然农业的开发、生产纳入法规管理轨道。1992年日本农林水产省制订了《有机农产品蔬菜、水果特别表示准则》和《有机农产品生产管理纲要》,并于1992年将以自然农业、有机农业为主的农业生产方式列入保护环境型农业政策。

日本有机农业标准(简称JAS)是日本主要有机认证体系,是日本农林水产省关于特种种植产品的指导原则,是其他认证体系,以及要求公开牛肉、猪肉和作物种植生产过程的新日本有机农业标准体系。

1999年,日本政府修改了有机农业标准法,随后,农林水产省于2000年开始实施根据食品法典指导原则制定的关于有机农产品和加工品的相关法规及其认证体系。不过此时的认证仅限于作物生产及其加工品。在此范围内,未获得日本有机农业标准有机认证的产品将不得作为有机食品在日本市场上出售。2000年政府和农林水产省进一步修订该法以及日本有机农业标准和认证机构的鉴定体系。在本书的最后一章有关于日本有机农业标准体系的详细介绍。

(四)日本发展有机农业存在的主要问题

日本有机农业经过三十多年来的发展,已取得了初步成效。从总体来看,日本有机农业注意"食"与"绿"的结合,适合日本的国情。目前在日本发展有机农业过程中存在的主要问题:一是新出台了日本有机农业标准法以后,有机农产品的认证费用相对较高,普通农家难以承受,因此如何进一步降低认证费用,减轻认证农家的负担已成为当务之急。二是由于一个时期有机农产品市场比较混乱，有机农产品的信誉度在市民心中有所下降，加上有机农产品的价格相对较高，因而消费者对有机农产品的认同感并不高。三是日本国内有机农产品生产数量不断增加，同时国外大量价廉质优的有机食品纷纷进入日本市场，因而市场竞争十分激烈，对日本国内从事有机农业生产的农户有较大的冲击。四是目前日本有机农业经营规模比较狭小，不利于生产与营销，且造成成本大幅度提高，因而需要政府或有关专业协会统一协调，注重点与面的结合，整体推进有机农业发展。

日本自然农业、有机农业得以逐步发展的因素之一是日本有机、自然农业民间团体正努力培育自然食品、有机食品的消费市场，在生产者与消费者间构建桥梁。日本自然食品、有机食品的流通，除了一般途径外，还有个别生产者与消费者直接见面的方式。许多生产者生产的产品共同销售和由协会、研究会、生活协同组合等组织建立的会员制生产销售方式。其次，日本发展有机农业的定位十分科学，注重"食"与"绿"的结合。即提高农产品自给率与环境保护并举。第三，日本有机农业在发展过程中得到了政府的大力扶持。在财力，人力，物力上给予倾斜。

农业知识"点点通"

1. 大肠杆菌 O157

大肠杆菌 O157 是 20 世纪 70 年代后期发现的致病微生物，能引起人出血性腹泻和肠炎，而且并发溶血性尿毒综合症、血栓性血小板减少性紫癜等，严重的可致人死亡。1996 年 5 月至 9 月，日本发生 O157 初型出血性肠炎大规模流行，波及 36 个都道府，发病 1 万多人，造成 12 人死亡，引起了全世界的关注。

2. JAS 简介

JAS 是日本有机农业标准的简称，也成为日本农林标准。

JAS制度由JAS标准制度、品质表示基准制度构成。JAS标准制度的目的是"为了质量改进、生产合理化、销售的公正化、使用或消费的合理化的农林物资标准的制定和普及"。该制度不适用于林产品。

据报道，日本修正JAS法实施后，农林物资规格调查会经过多次讨论，公布了有机农产品(食品)的特定JAS规格，修正JAS法规定。有机农业的栽培条件是，果树和茶在收获前3年、蔬菜和稻米等在播种前2年不使用农药和化学肥料，但转基因作物和有放射线照射的作物除外。与此同时，被许可的有关肥料、土壤改良资料、农药、调节用的生产资料也有相应的规定。另外，规定在加工食品中，有机农产品的比重必须占95%以上，对可以使用的食品添加剂和药剂也有相应的规定。在标签上，必须标有"有机农产品"、"有机栽培农产品"、"有机××"等字样。如果是处于转换期间的，应在名称的前面或后面标有"转换期间"。

在规定必须标明有机农产品(食品)规格的同时，农产品(食品)是否确实按照所规定的标准进行栽培的，必须接受第三者的认定和证明。根据修正JAS法的规定，被农林水产大臣指定的登记认定机关，可以对食品制造商、生产者(生产工程管理者)和进口商的农产品(食品)进行认证。并且规定接受认证的业主有标记的义务。关于认定机关审查(认定)者的资格，规定大学毕业生必须有从事有机农产品生产3年以上经验，高中毕业生必须有4年以上经验、并且在农业生产有指导、检查、试验研究方面的经验。没有学历的，则必须有5年以上从事农业生产的经验。

JAS标志的两种使用方法：一种是认定工厂实施自主评定，付与产品JAS标识；另一种方法是评定机构实施对报检产品评定，付与产品JAS标识。

二、有机农业在韩国的发展

早期韩国本土有机农业受与日本的技术交流的影响，形成了国内特色农业，它运用的技术与欧洲、北美、大洋洲、南美等国有机农业技术完全不同，未经验证的先进有机农业家的经验和自成的理论成为韩国本土有机农业的基础。

于是，早期韩国本土有机农业运用了有机质肥料即通过使用大量堆肥的农作物栽培技术，但同时因蔬菜种植中使用高硝酸盐引起了土壤污染、地下水污染，使预期的农产品安全生产及环境保护等目标并没有完全实现。其间由于学界的指正，韩国有机农业将原来实行的多多益善的堆肥使用量调降至每 10 英亩试用 2 吨的合理水平（1 英亩大约相当于我国的 6.1 亩），从农作物的连作向轮作生产方式转化。从 2001 年 10 月开始，国家相继推行了对有机农业师、有机农业食品加工师、有机农业技能师等的资格考试。

（一）韩国有机农业现况及发展过程

韩国有机农业是从 1970 年开始，由民间组织及韩国有机农业协会倡议，以安全农作物生产、保护自然环境和生态平衡为目标，并在联系生产者和消费者过程中发展起来。到 2001 年韩国有机农业农户为 1065 家，占全体农户的 0.09％，栽培面积为 913 公顷，占总栽培面积的 0.05％。韩国本土有机农作方法还没有形成标准经营农业技术体制，主要利用以农药、化学肥料及鸭、大田螺等生物作为惯用的农作方法，并以此区分品质差别。与以环境保护为目标的国外有机农业相比，韩国本土有机农业的特点是将重点放在农产品质量上。

从 20 世纪 70 年代后期开始，韩国相继成立了韩国农业协会、有机农业环境研究会等民间团体，并开始提倡"有机农业"。

至今为止，有机农业生产者团体包括有机农业协会、自然农业协会等 13 个团体，并于 1994 年构成了新环境农业团体协议会。作为韩国最大的具有代表性的有机农业生产者团体——韩国有机农业协会成立于 1978 年，目标是以研究开发通过培养地力增产无公害有机农产品的农作方法，保护自然环境和生态，为增强国民健康和环境保护及增加农民收入而努力。

（二）韩国有机农业团体

韩国有机农业协会初始称为有机农业环境研究会，隶属于国家环境部，1987 年 7 月以团体注册，其名称改为韩国有机农业协会，并于 1993 年 9 月改为隶属农林部，并重新注册。到 2001 年 6 月，有机农协有 10 个道(省)支会，12 个市 / 郡协议会，219 个市 / 郡支会，共 26378 个会员，是 IFOAM 的团体会员。

随着政府推行粮食自给及增产政策，有机农业的生产得到了认可。1994 年农林部内设立了新环境农业科，承担了研究环境农业政策，发展有机农业等业务。2000 年以有机农业和新环境农业为对象的"环境农业发展委员会"也在农林部设立运营。另外，农林振兴厅于 2001 年设立了新环境有机农业计划团。1995 年至 2004 年十年期间，为同时促进环境农业和中小农产的高质量产品生产，构筑了以保护水源和山地为中心的环境保护基干，并每年为 100 个农业团体支援 2500 亿韩元。

（三）有机农业的相关法规

1997 年韩国公布了新环境农业育成法，使之成为一个政策法规。同时，为加强农业环境保护的机能，最大限度地减少农业环境的破坏因素，持续发展农业，政府树立了"面向 21 世纪的农林环境政策"，进一步促进了新环境农业法规的施行。到 2010 年，韩国新环境农业育成法的 3 个阶段将全部实施，届时，农业的全部领域将完成向新环境农业的转换，新环境农产品的产量将以年平均47%的速度上升，有机农产品的增长率达到每年30%的水平。这一增长率是计算机、电子、化学、能源等任何产业无法相比的。

（四）环境友好农产品认证制度

环境友好认证是一种由可靠的认证机构按严格的标准检测农场、农场单位和产品的认证制度，为消费者提供更好的、安全的农产品。环境友好认证分为两大部分：对作物产品和畜产品的认证。作物产品包括有机产品、无残留产品和低残留产品，而畜产品类分为有机畜产品和过渡畜产品。

就农产品而言，认证和标签制度的法律和认证依据各不相同。例如，有机农产品按照环境友好农业促进法认证，而其加工产品则按食品安全法来认证。

有机农产品认证制度主要针对未加工农产品，加工有机食品不属于有机认证制度范畴内。韩国出于这种考虑，逐级制定了一个未加工农产品和加工农产品综合认证制度。

1.认证制度的历程

认证制度是审批有机生产食品标签和对有机食品生产要求的制度。韩国政府在这一方面建立了多种法律法规性公共机构机制，管理和加强认证制度。

农林部建立了支持性和常规性制度，鼓励农民参与可持续发展农业和促进农业可持续发展。1992年韩国政府首次制定了政府大宗农产品质量认证制度。后来，随着人们对消费食品安全的日益关注，政府根据农产品质量管理法制定了有机农产品质量认证制度、无农药残留农产品质量认证制度(1993)和低农药残留农产品质量认证制度(1996)。这三种农产品在韩国一般称之为"环境友好农产品"。但是这三种认证制度不是强制性的。因此，那些遵循环境友好农产品标准和原则的人在不经认证的情况下，可以自愿在其产品上标明环境友好产品性质或有关说明和解释。

销售有机产品需要认证，这是对消费者的一种保证。其结果是结合政府对产品生产和销售的管理，制定了有机食品和其他可持续发展农产品的公共机构标签制度。只有经过认证的农场，才允许经营这些农产品。政府机构和私人组织委托的检测中介对农场和产品的检测加强了产品质量的管理。

按照政府环境友好产品的质量标准规定，现在共分为四种农产品：化学杀虫剂施用量较低（低于普通农场施用量的50%）的产品、未施用过杀虫剂的产品（从未施用杀虫剂）、过渡期不足三年的过渡产品以及有机产品等。为了有效地和可信地实施质量认证制度，作为一个政府组织，国家农产品质量管理局被指定为政府认证机构，负责可持续农产品的质量认证。国家农产品质量管理局是农林部的一个下属机构，专门负责对农产品质量管理，包括产品检测和质量认证。该机构负责建立质量管理制度和确保农产品销售中的公平交易，包括农产品标准和产品原产地标识管理。

为了促进环境友好农业的发展，政府通过了《环境友好农业促进法》。在2001年修改法律生效后，自愿认证转变为强制认证，从而促使了质量认证制度的全面实施。按此修改法，所有生产或进口有机农产品和标明有机农产品特征或特点的人必须获得认证机构的认证，特别是根据国际标准，如"食品法典"，制定了未经加工的有机产品的认证规定。

鉴于政府有机产品政策覆盖面广，从事有机农产品生产的农场和种植面积自20世纪90年代后期以来快速发展。2003年，从事生产有机产品的农场数，包括生产过渡性有机产品的农场，发展到2700个，种植面积为3300公顷，约占农田总面积的0.2%。估计自1998年以来有机农产品年增长为30%以上。

此外，农民自己开发了多种新型可持续农业耕作法。除了采用常规的有机农业耕作法外，农民广泛使用稻田养鸭或淡水蛇和水生植物清洁栽培法来生产不同的农产品。2003 年，大约 2700 多家农场采用了这种作物栽培法。

2.认证程序

认证必须经三个步骤：首先，每个农民在开始有机农业生产前必须向国家农产品质量管理局的当地办事处或向授权的私人组织递交其农业生产计划；其次，国家农产品质量管理局的当地办事处负责对农场的土壤和灌溉水检测分析等；然后，国家农产品质量管理局的当地办事处检测最终产品，确定其产品无农药残留和在生产过程中未施用化学肥料。通过上述三种所需程序认证的农民可以使用认证有机产品的标签。

鉴于有机产品质量严格管理机制，大多数消费者信任市场上销售的有机产品。但是，许多农民抱怨这种三步骤认证程序。由于这个原因，许多从事有机农业生产的组织试图建立他们自己的认证机构。但是，此事说来容易，做来难，因为认证机构的投资和运行成本很高。

3.环境友好农产品认证标识

环境友好农产品认证标识共分为四种：有机、有机过渡、无残留、低残留。

其中，有机农产品指的是，三年以上未施用化学杀虫剂和肥料的农田生产的产品。无残留农产品是指未施用化学杀虫剂的农田生产的产品，其中，建议化学肥料施用量不到常规生产施用量的一半。低残留产品是指施用化学杀虫剂、但施用量不到常规生产所建议施用量的一半的农田生产的产品。化学肥料施用量不到常规农业生产所建议的施用量的 2/3。

4.私营认证机构

国家农产品质量管理局从 2002 年开始允许私营组织认证有

机农产品。目前经国家农产品质量管理局授权的私营认证机构有8家，私营认证机构比例占总数的8%。国家农产品质量管理局准备授权更多的私营认证机构。但是，真正合格的认证机构数量不足。然而，消费者更愿意接受政府颁发的认证，而不是其他私营机构的认证。为此，政府对鼓励私营机构的发展面临着困难。

随着政府和私营机构对有机农产品生产制度的大力支持，市场对环境友好农产品需求增加，促使环境友好农产品的生产成为韩国农业增长较快的一部分。目前，政府对加快有机农业发展的工作主要集中在制定国家认证标准，农林部为此经启动了几项对环境友好生产和销售以及技术政策性支持项目。

政府计划逐步将认证责任转给授权的私营认证机构。今后授权的私营认证机构将经营认证制度，而政府仅仅负责监督私营认证机构。政府在这一方面鼓励和支持申请经营认证中介并将提高认证费和其他付费，支持私营认证机构的经营。

三、泰国有机食品市场

(一)有机农场

泰国的有机农场主要分为五大类：单个农户农场、公司农场、政府农场项目、农户与公司合作农场和农户与非政府组织合作农场。其中最为值得一提的是政府农场项目。在该类项目中，政府拿出大量资金来扶持当地农民，对当地农民进行免费培训，提供免费的农业技术和生产资料，引导农民按照有机农业的生产方式进行耕作。

政府之所以花费大量的财力和人力来开发有机农业有如下几点原因：首先，泰国皇室对有机农业十分关注。比如，泰国的国王就亲自建立了多处皇家有机农场，而且每年都会有皇室成员到各个农场进行参观和视察；其次，该类农场大都建立在国家级保护区内或周围，政府希望能够利用有机农业的理念来开发和保护这些地区；同时，该类地区的农民都属于生活最为贫困的农民，政府通过对他们的扶持来达到农民增收的目的。

（二）有机食品市场

泰国有机食品的销售途径主要有三种：一是农户对消费者进行直销。由有机产品的种植农户生产出产品后，定期对固定的消费群体进行送货或定期举办有机食品集市销售，产品以鲜活产品和大米为主，基本上不进行产品包装，所销售产品也并非100%通过认证机构认证。因为，在泰国只要农户按照有机食品标准进行农业耕作，所生产出来的产品就可以作为有机食品进行销售。二是安全食品专卖店销售。泰国暂时还没有良好的农业操作规范或有机食品专卖店，但是在部分大中城市开设了安全食品销售店，销售店里的产品包括了绿色食品、无化学投入产品、安全食品、良好农业操作规范产品和有机食品等，该类消费店一般规模比较小，但产品目标市场非常明确。三是进入超市进行销售。进入超市的产品种类比较丰富，认证标识也比较多。大部分有机食品的价格要比常规食品高50%～100%，尤其是进口有机食品的价格更是高。

（三）泰国食品安全认证的基本概况

泰国安全食品认证体系虽然仍处于起步阶段，认证的面积和认证的企业数量还不算很多，但是泰国的安全食品认证，尤其是有机食品发展显示出了旺盛的生命力。具体表现如下：

1.非政府行业组织对有机农业的发展起到了非常重要的作用

尽管缺少政府的直接扶持，但是，农民合作组织和非政府组织在开展有机农业培训，开辟市场途径以及建立公平贸易和行业自律等方面起到了重要作用。

2.产品销售途径的多样化

在对有机食品开发前就要选择好产品的目标市场，选择不同的销售渠道来分销产品。

3.积极参与有机食品的国际销售

通过同欧盟良好农业操作规范标准和有机食品标准的对接以及认证机构申请美国和日本等国家认可，推动本国产品顺利进入国际市场。

4.培育长期稳定的国内有机食品消费者

泰国有机食品市场能够显现出蓬勃的生命力，不仅仅表现在种植农户高涨而积极的情绪，同时也表现在消费者对有机食品的信赖和热情的购买力。

5.对认证企业和农户建立完善的培训体系

在每个基地提出有机食品认证申请后，认证机构或相关协会和非政府组织都会对每个参与认证的农户和公司进行培训。通过对农户和公司的培训来建立诚信机制、选择目标市场和实现公平贸易等。

泰国食品安全认证体系主要可分为两个部分：良好农业操作认证和有机食品认证。良好农业操作认证开始于上世纪 90 年代末，当时进行良好农业操作的主要目的在于生产出较好质量的产品。后来，随着对其深入的理解，则通过一系列的农业技术应用来推动食品安全和产品质量的健康发展。泰国的第一例有机食品开发于 1991 年，当时意大利的认证机构认证了泰国的第一例有机稻米。因为，当时泰国国内还没有有机食品的相关机构，甚至对有机食品的概念还一无所知。直到 1995 年，泰国的第一家有机食品认证机构，泰国有机农业认证公司才诞生，并且还制定了泰国的第一部私人有机作物种植标准。尽管现代常规农业在泰国仅有 30 年的历史，但大部分泰国农民已经习惯了常规农业的耕作方式。因此，泰国农业与合作部近期也制定了 2006～2010 年的 5 年有机食品发展计划，通过推动有机农业的发展，来鼓励农民种植和生产出能够满足国内外消费者需要的高质量食品。目前，泰国获得有机食品认证的土地面积约为 15300 公顷，约占全国可耕作土地面积的 0.07%。

（四）食品安全认证机构及其委托授权与管理机构

泰国良好农业操作认证和有机食品认证的主管部门都为泰国农业与合作部，由泰国农业与合作部授权给泰国国家农业商品与食品标准委员会下属的农业商品与食品标准局制定良好农业操作和有机食品认证国家标准，同时负责认证机构的认可工作。

泰国的良好农业操作和有机食品认证机构分为三大类：官方认证机构、私人认证机构以及国外认证机构。

其中，官方认证机构设立在泰国农业与合作部，由三个部分组成，分别是：农产品认证处，主要负责农作物产品认证；畜产品认证处，主要负责畜禽类产品的认证；水产品认证处，主要负责淡水养殖产品的认证。但是，官方认证机构的认证权限仅限于泰国国内企业，产品销售也以泰国本国市场为主。

泰国的私人认证机构的认证活动以泰国有机食品认证公司为主。私人认证机构的认证范围不仅仅限于国内市场，而是以产品的出口为主，同时也有部分产品在国内市场进行销售。

国外认证机构在泰国的认证活动也比较频繁，所占有机食品认证的份额也比较大，几乎达到所有有机食品认证企业的 50% 左右。其中包括，日本的有机和自然食品协会和日本海外货物检查株式会社，德国的 BCS，法国的有机认证 ECOCERT，瑞典的生态食品认证中心（简称 KRAV）等多家认证机构。这些国外认证机构认证的产品除了销往认证机构所在国市场外，在泰国市场也占据一席之地。

（五）食品安全法律法规与标准

泰国目前还没有关于良好农业操作和有机食品相关的法律，而良好农业操作和有机食品认证的相关条例和标准都出台自农业商品与食品标准局。该部门自 2002 年受农业与发展部委托成立以来，于 2003 年参照 ISO65 和 EN45011 的相关要求制定了认证机构进行认证和检查的相关规则。随后，又根据联合国粮农组织和世界卫生组织的相关要求，参照当前的良好农业操作标准分别制定了国家农作物类、畜禽养殖类和水产品类的良好农业操作标准。另外，还制定了有机食品的农作物种植和畜禽养殖的国家标准。如上标准已在 2003 年开始发布实施，但是，所有的国家标准都并非强制性标准，泰国有机食品认证公司参照国家标准和 IFOAM 基本标准制定了自己认证机构的标准。

（六）有机食品标识的类型和使用

泰国良好农业操作和有机食品认证使用的是同一个标识。该标识的形状有如一个大写的英文字母 Q，因此，在泰国也被称为 Q 标识。2005 年农业商品与食品标准局制定了良好农业操作产品和有机食品使用 Q 标识的标准。依据该标准，使用 Q 标识的良好农业规范产品必须符合如下 5 项要求：首先，初级加工产品（仅限于产品在农场阶段）必须符合良好农业操作规范相关国家标准并要通过获得认可的认证机构的认证；其次，产品加工过程，包括包装车间或屠宰车间必须达到良好操作规范或 HACCP 要求，并且也要获得认可的认证机构的认证；同时，准许使用 Q 标识的产品必须满足可追溯的要求；第四，产品必须出具符合认证机构所执行标准要求的产品质量检测报告；最后，产品的检测标准必须符合农业商品与食品标准局的国家标准或由国家农业商品与食品标准委员会所认可的标准的要求。

Q 标识的形状虽然相同，但是，对于良好农业操作规范的产

品和有机食品 Q 标识的颜色有所不同，良好农业操作规范标识的主体颜色为绿色，而有机食品的主体颜色为金黄色，金黄色标识标示的产品是表示比绿色标志的产品更安全、更健康。但是，有机食品转换期产品标识同良好农业操作规范所使用的是同一个标志。

农业知识"点点通"

缩写字母的含义

在本节介绍中，出现了三个英文词汇，现在简单介绍一下：

ISO 是国际标准化组织的英文字母的缩写，其建立了国际质量认证体系。

EN45011 属于欧盟的认证、检查机构的工作标准。

HACCP 是危害分析和关键控制点英文字母的缩写，HAC-CP体系被认为是控制食品安全和风味品质的最好最有效的管理体系。

第四章　国外先进的有机农业技术

第一节　土壤保护和有机培肥技术

土壤是有机农业生产的根本。在过去的几十年中，虽然农业的产量得到了大幅度的提高，但是由于大量化肥的施用。土壤结构也受到了相当大的破坏。土壤肥力降低，土壤含氮量降低，土壤团粒结构破坏，病虫害泛滥，粮食减产，土壤的缓冲能力大为降低。为了解决农业技术的各种问题，搞清造成土壤退化的原因，人们开始从系统的角度出发研究土壤肥力，通过合理施肥以增进地力。

土壤有机质是土壤肥力的重要指标，土壤有机质平衡是土壤健康和农业可持续发展的基础。大量施用化肥对农产品、农业环境乃至区域环境等带来的负效应越来越严重，引起了人们的普遍关注。加拿大农业部的一项长期研究表明，土壤有机质是土壤贮存和供应作物营养、保持土壤水分、防止土壤侵蚀、增加作物抗逆性的关键因素之一。自从栽培耕地以来，加拿大未发生侵蚀的耕地土壤有机质降低了15%~30%，合理施用肥料和进行保育性耕作可以使土壤有机质维持在一个对作物生产有利的理想水平上，而秸秆还田、施用畜禽粪便、绿肥、有机污泥、木糠屑、豆麸饼等是增加土壤有机质的有效措施。有机肥使用是土壤健康的根本保证，是有机农业赖以生存和发展的基础。国内外许多研究均得出了相似结论。在这方面，美国和欧洲发展得比较迅速，我国很多农业产区的农民由于受到产值的影响，很少注意到化肥、农药对土壤的长远危害。

有机农业是一种不用或基本不用化学合成农药、肥料、生长调节剂和饲料添加剂的农业生产方式，与现代农业最大的区别在于土壤培肥和病虫灾害的控制手段不同。有机农业对土壤的保护涉及到很多方面。包括土壤的翻耕，秸秆还田，有机肥的施用等。

一、土壤的翻耕

在有机农业生产中，翻耕对土壤的影响很大。通过翻耕，产生适合农作物生长的土壤结构，控制土壤的湿度通气性和温度，控制杂草和害虫的产生等。在国外的有机农业生产中，基本采用少耕、浅耕、免耕的方法来保持土壤的结构不被破坏。

与常耕相比，少、免耕免除了翻耕作业，最有可能导致有机质与养分元素的表层富集，大量的研究也证明了这一点。研究也表明，不管采用何种耕法，土壤皆表现出上肥下瘦的特点。因此，在研究少、免耕土壤表层养分富集作用时，应考虑上层养分含量要高于全耕层平均值与程度上要大于常规耕作。

免耕是一种保护性耕作制，指同一块土壤在一定年限内，不仅免除播前耕作(犁耕和深翻)，也免除播后中耕，作物收获后直接将作物残留在土壤中的耕作方式。在耕作体系中，有限的耕作只在播种行上进行，所以免耕制也叫"零耕"或"无犁耕作"。由于免耕制具有省土省时、节约和保持水土的效果，目前越来越多的国家采用免耕制。目前，全球至少已有 6000 万公顷的土地实施免耕。可惜的是，在中国，免耕推广得很少，也没有全国性的统计数据。实际上，中国地少人多，无法进行土地轮休，土壤贫瘠化严重，免耕可能带来的环境收益非常大。

免耕法首先可以增加产量。在大部分实施免耕播种法的农田，最初一两年产量可能会稍稍下降，但是，地表由秸秆残留物所形成的有机覆盖层会越来越厚，残留秸秆不断腐烂，持续为土壤提供肥力，土质越来越好，农作物产量也逐年提高。翻耕使暴露在阳光下的土壤迅速风化，随后被雨水冲走或被风吹走，而这层土壤，恰恰是最肥沃的。免耕法使这层沃土得到了保护。而且，免耕法还使土壤微生物达到平衡，由它们担任"耕作任务"，连蚯蚓这样的小动物都能发挥作用。它们使土壤变松，它们钻出来的小洞还能帮助存水。

其次，免耕法能减少水土流失，避免土地沙化。作物的残留层至少在 1 厘米以上，上面还有许多秸秆，这是很好的保护层，能保持土壤水分，减少农田灌溉。同时，免耕法还可以避免使用高耗能的大型拖拉机。

当然，推行免耕法也有技术要求。首先需要高效低害的除草剂。南京农业大学教授钟甫宁曾介绍，过去耕地的一个主要目的是除草，现在草甘膦等高效低害的除草剂基本解决了田间杂草的问题。

此外，有机土壤覆盖层并不能完全提供农作物所需的肥料。虽然秸秆都留在田里，但农作物的精华部分还是被人类取走了，经常对其农田土壤进行成分检测，并有针对性地补充氮、磷等化肥，以便保证土壤营养平衡。已有的研究表明，免耕土壤表层养分提高，土壤微生物数量增加，酶活性增强，出现富集效应，并且免耕土壤中微生物生物量和细菌功能多样性高于传统耕作土壤。研究发现大团聚体中的微生物生物量比微团聚体中的高，因此减少耕作能增加大团聚体，而土壤大团聚体的增加，意味着生态幅的增大，标志着土壤供储养分的能力增加，同时降低了土壤

容重，有利于土壤水分和土壤空气的消长平衡，增大土壤对环境水、热变化的缓冲能力，为植物和微生物的生命活动创造良好的环境。免耕后，土壤微生物生命活动的环境较稳定，土壤微生物的种类、数量亦保持相对稳定。

美国是最早研究保护性耕作的国家，在20世纪30年代发生了震惊世界的黑风暴事件。19世纪中叶，美国组织向西部旱农区移民，鼓励大面积开荒种地，大量饲养牲畜。到20世纪30年代，一轮干旱周期出现，终于发生了毁灭性的黑风暴。大风横扫中部大平原，到处风沙蔽日，尘埃滚滚。黑风暴过后，大地被刮走10~30厘米厚的表土，毁坏了30万公顷以上的良田。此后，美国成立了土壤保持局，对各种保水、保土的耕作方法进行了大量研究。实践证明，以秸秆覆盖和少、免耕为中心的保护性耕作法，大幅度地减少了水土流失，在解决沙尘暴问题中起了突出作用。保护性耕作还能减少蒸发、减少径流、增加土壤蓄水量，提高作物产量。如内布拉斯加州测定结果：常规翻耕径流占降雨11%，用于蒸发的占了82%，田间蓄水仅7%；而保护性耕作径流为1%，蒸发74%，田蓄水达25%。此外，保护性耕作还节省劳力，节约能源，减轻土壤压实及结构破坏，科罗拉多州推广保护性耕作法后，田间作业次数由7~10次减少到3~5次。

1988年开始，美国以秸秆残茬覆盖量的多少为主要依据，把土壤耕作分为三类模式：第一类为播后地面覆盖率小于15%，深松或翻耕加表土耕作，称为传统模式；第二类为播后地面覆盖率在15%~30%，多次表土耕作，称为少耕；第三类为播后地面覆盖率大于30%，免耕或播前一次表土作业，用除草剂除草，称为保护性耕作。1995年美国各类耕作模式的面积为：保护性耕作3900万公顷，少耕2800万公顷，传统耕作4400万公顷。保护性耕作与少耕合计占60%以上，95%以上取消了铧式犁。

加拿大也有许多使用少、免耕法的农场，米尔顿甘松农场就是一例。该农场由农户经营，已有40多年历史，以小麦种植为主。当年的小麦收获后，不用铧式犁翻地，而用杆式松土除草机普遍耕一遍，疏松土壤，同时又用小麦残茬覆盖地表，达到冬季积雪、保持土壤水分、防止土壤风蚀的目的。第二年改种胡麻，春播时用联合机一次作业，这种少耕法既节约了劳力，又保持地力，经济效益也好。

二、秸秆还田

作物秸秆是农作物生产系统中一项重要的生物资源，如何合理有效利用已引起世界各国的普遍关注。据不完全统计，全世界每年可生产20亿吨秸秆。中国是秸秆资源最为丰富的国家之一，每年可生产6.9亿吨秸秆，其中稻草1.9亿吨，麦秸1.2亿吨，玉米秸秆1.7亿吨，且随着农作物单产的提高，秸秆量还将增加。如何利用好这些资源呢？研究结果表明，秸秆可刺激土壤微生物活性，增加土壤微生物量。原因是秸秆还田可给微生物提供生活的基质，尤其在寒冷的冬季，根层土壤中秸秆经过腐变溶解后，释放出热量，提高地温，从而增加了土壤微生物量。土壤有机质的堆积依赖微生物主导下的土壤有机残体的分解，取决于有机残体分解过程中矿质化与腐殖化的相对强度。在研究中人们还发现，秸秆还田可增加土壤生产力的后劲，但当季效果差，会产生氮饥饿现象，当秸秆浅施时，适量补施氮肥，不仅加快秸秆腐解，还可大大促进各类微生物数量的增加，特别是能提高纤维素分解菌的数量及纤维分解强度。

在国际上，农业发达国家都很注重施肥结构，如美国化肥的施用量一直控制在总施肥量的1/3，加拿大、美国大部分玉米、小麦秸秆都还田，秸秆还田的途径有直接还田和间接还田。只要

能把秸秆或秸秆产品还到田里去，都有利于农业生态良好发展。在有机农业生产中不允许焚烧秸秆，因为就地焚烧秸秆是不可取的。秸秆中含有大量氮素，如果把秸秆烧掉，氮素跑到大气中去，那就只留下些灰粉。同时，焚烧时会污染空气。

秸秆直接还田最理想的技术路线就是将秸秆就地粉碎、抛撒，然后再覆埋。如果采用带有切碎装置半喂入联合收割机收获，可一次完成收割、切碎、抛撒。这样使秸秆还田的效率更高。目前在国内外有很多秸秆还田机，如国内可购买有 1JQ-160 秸秆切碎还田机、GN-150 型反转灭茬旋耕机、1BSMQ-230 水田埋草驱动耙，1BSM-230 水田灭茬驱动耙等。

自 20 世纪 60 年代中期开始，化肥工业迅速发展，农民施用大量的化肥，忽视了有机肥的投入不仅降低了化肥的利用效率和施肥效益，同时也污染了生态环境。多年的生产实践表明：增施有机肥，是培肥土壤、提高地力行之有效的措施之一，对农业的可持续发展有着特殊的作用。

世界上许多国家，由于农作物化肥施用量过高，环境受到污染，农业生态环境日趋遭到破坏。因此，一些发达国家加强了对有机活性肥料的研究与应用，美国现已有 5% 的农场发展为不用化学肥料与农药的有机农业，德国正鼓励发展为不用化学肥料与农药的有机农业，鼓励发展 30% 的农田为生态农业。我国作为一个农业大国，肥料需求量大，同样也存在农业生态环境遭破坏的状况。在温饱问题基本解决后，人们的生态环境意识日益增强，发展"绿色食品"的呼声愈来愈高，有机性肥料的研究与应用已显得迫在眉睫。

有机肥的主要特点是：加速有机物质的分解，释放出作物所必需的各种营养物质；调整农作物的营养代谢，改善农作物缺乏营养元素的症状；促进根际有益微生物的繁殖，改善作物根际生态环境；增产效果明显，经济效益高，同时改善了农作物品质。提高了农作物的促生抗病能力。

有机肥来源广、种类多，常用的包括人畜粪尿、作物秸秆、厩肥、堆肥、沤肥、沼气液、绿肥、饼肥等，正确施用则能达到提供作物养分，改良土壤的目的，使用不当则可能影响作物的生长并造成环境污染。如何使用有机肥，我国有着悠久的有机肥使用的历史和丰富的经验。根据不同时间、土壤成分、肥料成分以及农作物的特性使用不同的有机肥是非常重要的。

(1) 根据有机肥的特性施肥

人粪尿中含氨量高，是适合于作追肥的速效有机肥。堆肥、沤肥、沼渣及厩肥都经过一定程度的腐解，易分解的能源物质含量较低，绝大多数有机氨以比较稳定的形式存在。它们一般适用于作各类土壤和作物的基肥。秸秆类肥料一般含氮量比较高，使用不当易与作物争夺土壤速效氮而影响作物早期生长。因此，作物秸秆还田时须施用适量的高氮物质。草木灰是农村最为普遍的钾肥，含氧化钾 5% ~ 10%。草木灰碱性强，不宜与腐熟的粪尿、厩肥等混合贮藏和使用，否则会造成氨的挥发而降低肥效。

(2) 根据作物品种及生长规律培肥

不同种类作物对各种养分的需要量和比例不同，同一作物的不同品种之间或同一品种的不同生育时期对养分的吸收也不一样，因此施肥必须根据作物对养分数量和比例的要求区别对待才能获得高产。

(3) 根据土壤性质合理施肥

土壤的特性（如土壤的水分、温度、通气性、酸碱反应、供肥保肥能力以及微生物状况等）直接影响作物对营养物质的吸收。有机肥施入土壤后，其养分的微生物矿化固定过程既取决于有机肥中易分解能源物质和有机氨的含量，同时又与土壤环境有关。

例如在淹水缺氧条件下，有机物矿化周期长、土壤微生物繁殖速度慢、固定氮很少，反使有机物分解时可以释放更多的氨和氮。

农业科学知识的普及提高和有机食品的发展，重新促进了有机肥的开发和使用。美国有100余家从事生物复混肥生产的企业，主要经营添加活性菌剂或经生化处理的动植物有机体和排泄物。日本从20世纪70年代开始重视有机肥的使用，制定了《肥力促进法》，提出了日本农业必须依靠施用有机肥料培养地力，在培养地力的基础上合理施用化肥。在化肥工业发达的美国、日本等国，农业生产中却大量施用有机肥和生物有机肥，这不能不说是世界农业的一个新趋向。近年来，有机肥产业得到了较快的发展，很多国家正在加大生物肥料和有机肥料的开发、生产、应用力度。

美国完全不用或基本不用人工化合的化肥、农药、生长调节剂和家畜饲料添加剂，在可能的范围内，尽量依靠作物轮作、秸秆、家畜粪便、豆科作物和生物防治病虫害等方法以保持土壤肥力和耕性，并防治病虫害杂草。

英国在经营的土地上不施用化肥、农药、化学除草剂、化学添加剂及合成的激素类，不使农畜产品受到有害物质的污染，保证人体健康。为实现这一目标，实行养地与用地，作物轮作，增施粪肥，要求所有的有机废物都必须返回农田，以维持土壤生物肥力，同时要尽可能少地扰动土壤，保持土壤的层次性。

德国依靠合理施有机肥维持农场的平衡性，由于德国农场规模较小，所以一般都饲养奶牛、猪等家畜，采用农牧结合畜粪还田的办法减少化肥施用量。此外，也进行化肥与有机肥最佳比例的研究，以提高生态与经济效益。

第二节 病虫害防治技术

自从有机农业概念的提出，就规定了有机农业是一种完全（或基本上）不使用任何合成化肥、化学农药和牲畜饲料合成添加剂的农业生产系统。有机农业认为农业生产过程是一种人与自然和谐共处的过程，人类应该尊重自然而决不能当自然的主人，病虫害是自然的一部分，有机农业最大限度地依靠作物轮作，充分利用农作物的残余物、动物肥料、绿肥、来自农场以外的有机废物以及依靠病虫害的生物防治技术，从而保持土壤的生产力和可耕性，为植物提供所需养分，控制病虫害和杂草。可见有机农业与常规农业的区别主要在于保持土壤肥力与病虫害杂草的控制。

病虫害对有机农业生产的影响非常大。只有在充分掌握生态学原理，掌握病虫害杂草的生物学、生态学知识，尽量模仿自然生态系统的基础上，才可能做到不使用化学农药、化学除草剂而控制病虫害杂草的大量发生。根据国外研究与耕作实践，有机农业应用了除化学防治以外的各种手段，包括耕作防治、物理防治、生物防治，对病虫害杂草进行综合治理。

一、病害的防治

有机农业原理认为优质肥沃的土壤有益于作物健壮。因此对付农作物病害首先是培育好的土壤，通常通过大量施用有机肥如堆肥、粪肥、绿肥、饼肥等，种植覆盖作物等方式培育土壤。良好的土壤是一个平衡的生态系统，有高的生物多弹性和丰富度，病原菌也是其中一个组成部分，保持相对平衡水平，就不影响作物的正常生长。此外，通常采用以下措施消除病害：

（1）选用高质量的抗病品种；

（2）播种前剔除带病种子，必要时用溢水等物理方法处理种子，以杀死病菌；

（3）调整播种日期，回避某些疾病发生的高峰期；

（4）改变灌溉方法，如采用滴灌，以减少土壤潮湿面积，高湿度是疾病发生的有利条件；

（5）通过喷洒杀虫皂和多样化种植控制传播疾病的害虫如蚜虫和一些甲虫；

（6）在病害严重时，用一些无机杀菌剂进行防治，如硫磺、波尔多液、矿产原料如铜和碳酸钙，以及大蒜等植物制剂；

（7）通过合理轮作控制疾病。因在同一块地上连续种植同一作物或同科作物，等于为病虫害提供稳定的寄主，而轮作可改变这种状况，从而减少病虫害的繁殖和扩散。轮作还可避免植物的他感作用，故在有机农业中受到重视；

（8）通过生物控制疾病。最理想的方法是通过改变植物体内或周围的微生物平衡以抑制病原菌或将微生物制剂导入土壤来抑制土生植物病原菌。另外，豆科绿肥翻埋于田中，对控制植物病原菌有特别的效果，囤豆科残体含有丰富的氮和碳水化合物，并可提供维生素和其他复杂物质，故翻填入土壤后，土壤生物变得相当活跃，可抑制病菌和溶解病菌细胞。大量事实证明豆科覆盖作物对全蚀病(白穗病)具有抑制作用。

二、虫害的防治

模拟自然生态系统，增加种植作物多样性是有机农业防治虫害的基本原理。单作由于提供高度集合的资源与统一的生态条件以致那些适合此环境下的害虫迅猛发展，又由于单作的环境因素不能提供丰富的可供选择的食物及繁衍与栖息场所，以致益虫减少。有两种假说可解释多样化种植使害虫减少的现象。

第一种是"天敌假说"，认为多样化种植拥有更多的害虫捕食者和寄生者。因为与单作比较，多样化种植能为天敌提供更好的生存条件，如提供更多的花粉与花蜜（吸引自然天敌和增强它们的繁殖能力）。增加地表覆盖(有利于步行虫一类捕食者)和增加植食性昆虫的多样性(当主要害虫减少时，可作为自然天敌的替代食源)。

第二种是"资源密度假说"，认为使专性寄生害虫减少的原因是多样化种植同时包含有寄主与非寄主作物，以致寄主作物在空间分布上不均匀。单作会使之密集，并且多种作物均具有不同的颜色、气味与高度，这些使得害虫很难在寄主作物上着落、停留与繁殖。作物多样化不仅有益于害虫防治，对作物病害与杂草的控制也同样有很大作用。因此，有机耕作常实行间作和套种以及在田园周围种植花草以增加作物多样化，同时还采取以下方法综合防治虫害。

1.回避某些害虫发生高峰期，种植前整理田块，除去枯枝烂叶、杂草，以清除藏匿的病虫及其休眠体；

2.释放益虫，如瓢虫、草蛉、寄生蜂、捕食螨等。美国加州生产有机棉花就是通过多次释放草蛉幼虫来防治蚜虫和棉铃虫的。由于天敌出现与害虫密度的减少有个时间滞后关系，故天敌都得在虫害大量发生以前释放；

3.用微生物制剂治虫，如苏芸金杆菌制剂（标志是 B-t)，核多角体病毒（标志是 NPV)。苏芸金杆菌制剂用于食叶和果的鳞翅目幼虫，如西红柿的棉铃虫属幼虫、大白菜的尺蠖、菱背蛾、天蛾科幼虫、苹果蛾等的防治；核多角体病毒用于棉花地棉铃虫和烟草烟青虫的防治；它们因具有高的选择性而受欢迎；

4.施用植物杀虫剂，如鱼藤酮、除虫菊素、杀虫皂、沙巴草、楝巾寸、苦木、洋艾，它们都具速效性，降解快，对环境没有残留污染的特点。由于这类杀虫剂对益虫有一定的影响，故只是在虫害相当严重时才使用；

5.利用防虫网，黑光灯等防治，设置昆虫障碍。田间洒硅藻土粉刺破软体动物表皮而杀死害虫、用休眠油使多种害虫的卵窒息，应用黑光灯诱蛾，机械诱捕等；

6.应用昆虫性激素对雄虫进行干扰，使其找不到雌虫交配而减少害虫产生。康奈尔大学研究成功一种性信息素，可以打乱葡萄果蝇的交配繁殖行为，将其虫口密度控制在造成经济损失的数量界限以下；

7.种植诱集作物诱捕害虫，或驱避作物驱赶害虫。在夏威夷，围绕西瓜地或南瓜地的引诱作物玉米对血蝇成虫有高度的引诱力，在棉田中带状栽培紫苜蓿可以诱集盲蝽。美国罗代尔在研究中发现，艾菊和假荆芥与辣椒、南瓜间作可驱避蚜虫与甲虫，使其数量大大减少。

在中国台湾，有机农业病虫害的防治已经取得了一定成果，他们主要应用病虫害防治策略，这种策略简称 IPM。它主要是以自然的防治方法及改变耕种方式来减少病虫害的发生。

1.栽培耕作防治法：以改变作物栽培环境为措施来减少病虫害发生的方法。机耕、土面的燃烧、作物的轮作、种植及收获时间的调整等可以减少病虫害之发生。如水稻与玉米或水稻与花生轮作可以减少 1.6～3.5% 水稻病害。

2.生物防治之利用：利用天敌的释放，使有害昆虫及病原菌的孢子浓度在自然界降低至不危害作物程度的方法。台湾利用人工培养的赤眼寄生蜂之释放来控制玉米螟之为害，已取得良好效果。

3.利用性荷尔蒙防治田间害虫：目前已可以化学合成生产大

量的不同昆虫的性荷尔蒙，采用引诱昆虫进入特别设计的诱虫盒内，可以大量减低田间的虫害密度。台中区农改场利用性荷尔蒙控制豌豆田之甜菜夜蛾，达80%~90%之效果。

4.利用黄色粘板诱捕害虫之方法：台中区农牧场研究一种用黄色粘板来诱杀菌花斑潜蝇的有效方法。把杀虫剂与粘胶混合涂在黄色塑胶板上，因为斑潜蝇喜欢黄色，可达到诱杀的目的，其成效率达33.5%。

5.利用土壤添加剂来控制由土壤引起的作物病害：台湾中兴大学培养出来的S-H添加物堆肥，每公顷施用1000~1500公斤即可控制西瓜、甜瓜及豌豆萎稠病等。

下面介绍几项在美国农场实践中较为成功的技术。

1.超量播种豆科作物以抑制杂草和增加氮肥。位于弗吉尼亚州里土满的希尔农场，一种叫约翰逊草的杂草对作物造成严重危害，并已对除草剂产生耐性。以往每年要花2万美元购买除草剂。农场此前采用超量播种豆科作物抑制杂草，两年后已完全不加除草剂。

2.南达科他州的农业科学研制成功一种以淀粉为基质的饵药，所含能杀灭玉米根虫的化学剂只有常用农药剂量的2%，饵药中还含有能诱发根虫改变摄食行为的化学试剂。施用有效率高达94%，而且不伤害其他益虫。由于用药量极小，也减少了对地下水造成污染的威胁。

3.康奈尔大学研究成功一种叫做信息素的性激素，可以打乱一种葡萄果蝇的交配繁殖行为，将其虫口密度控制在造成经济损失的数量界限以下。施用性激素后不但可免除喷洒10余次防治果蝇的化学农药，而且对益虫无任何伤害。

4.得克萨斯技术大学研究者采用双层塑料薄膜覆盖于地表，阳光透过薄膜使土壤升温，致使土壤中85%~90%的线虫被烫死。而常规的农药熏蒸法也只是使土壤线虫减少 90% 左右。新技术还能有效地抑制核茅草等顽固性杂草的生长。

第三节 杂草防治技术

在有机农业的生产中，杂草有着特殊的处理方法，在从传统农业向有机农业过渡过程中，许多农民认为杂草是最严重的问题。然而，他们发现，当有机作物合理轮作时，杂草问题就减轻了，在有机质含量和生物活性高的土壤，作物生长良好，在与杂草竞争中占据优势。

在有机农业中，杂草并不总是问题，农民并不希望自己的田园特别干净，相反，他们把自己的农场作为一个作物占优势的、具有生物多样性的生态系统，采取措施控制杂草，使作物优先生长而不是淘汰所有杂草。因为有些杂草可以维持土壤肥力，为有益生物提供生存环境，为地表遮荫和保持土壤墒情，破碎坚硬、板结土壤，收集和保存可能会从土壤流失的营养，提供土壤环境信息，提高饲料作物数量，增加农场作物多样性等作用。

然而，当杂草使作物减产或降低品质时，杂草就成了问题。一般来讲，如果杂草先于作物生长，作物就会减产。同时，每一种作物都有特定的关键生长期，如果这时与杂草竞争，作物就必然减产。相反，当作物占据优势，且不与杂草竞争营养和阳光时，作物也许会从杂草中得到好处。因此，杂草的防治要从作物与杂草的生态平衡的角度进行。农民不会任由杂草自由生长，问题的关键是在杂草受益的时候，又要使杂草对作物的影响最小。因此，就需要很好地理解杂草的生活周期，包括种子可发芽的深度、出土时间和生长环境等，这非常有利于农民采取适宜措施控制杂草。在决定锄草时，农民通常还考虑锄草费用和从锄草得到的利润之间的关系，进而做出合理的选择。

控制杂草的措施：

1.作物种植前清除杂草。先期对种植地进行翻耕、灌溉，促使杂草萌发，然后在种植前翻耕一次，清除萌发的杂草；

2.太阳暴晒除草。用白塑料薄膜在晴天覆盖潮湿的田块一周以上，可使温度超过65℃，以杀死杂草种子，减少杂草数量，同时也可杀死一些病原菌。在小面积地块，有人用透镜聚光照射，几秒之内，温度可高达290℃，可杀灭几乎所有的杂草种子；

3.改进播种、栽培技术，如增大播种率、缩小作物行距，对难萌发作物，改直播为移栽等，使作物迅速占领空间，减少杂草对营养、水分、光线的获取，从而抑制杂草的生长；

4.应用覆盖物控制杂草、保护土壤。用黑薄膜、作物秸秆进行覆盖，阻挡光线透入，抑制杂草萌发；在行栽作物地种植活的覆盖作物如玉米地超量播种三叶草也可抑制杂草生长；

5.适时进行机械与人工除草，尤其是作物生长的前1/3阶段，清除杂草于幼嫩状态；

6.轮作计划中安排种植覆盖作物，如苜蓿、三叶草、黑麦草、大麦等，抑制杂草萌发，并减少下季作物杂草数量；

7.生物防治控制杂草昆虫应用不多，但真菌除草剂却应用较广泛，如已商业化生产的棕榈疫霉防治柑橘园中的奠伦藤；

8.火焰烫伤法除草。在北美与欧洲有农民应用此法。只有当作物种子尚未萌发或长得足够大时才可应用，并在杂草小于3米时最有效。如种植胡萝卜，种子床应在播种前10天进行灌溉，促使杂草萌发，在胡萝卜萌发前播种后5~6天，用火焰枪烧死杂草；

9.植物毒素抑制杂草生长。一些覆盖作物如黑麦草、大麦，除通过竞争外，主要是通过分泌的植物毒素抑制杂草生长。研究人员正在试图分离鉴定植物毒素，以制成除草剂或将产生毒素的基因整合到作物中，形成对杂草的抑制；

10.应用堆肥作为控制杂草和病虫害的重要手段。堆肥过程产生的高于 50℃ 的温度可杀死动物粪便中的杂草种子和一些病虫休眠体；堆肥也可避免大量作物残碎翻入土壤中产生毒素的潜在危害。同时由于堆肥可提高土壤肥力，改善土壤结构，增加土壤微生物活力，从而提高作物对杂草的竞争能力和对病虫害的抵抗能力。

总之，有机耕作过程中杂草的控制，首先在于通过对杂草的特点和杂草与作物的关系认识采取适当的措施预防杂草的发生，再辅助一些机械和人工与生物方法除草，将杂草控制在经济危害的水平之下即可。

第四节 有机农业生产中的轮作

同一块地上有计划地按顺序轮种不同类型的作物和不同类型的复种形式称为轮作。同一块地上长期连年种植一种作物或一种复种形式称为连作，又叫重茬；两年连作称为迎茬。连作和不合理的轮作常引起减产，容易导致"土壤病"现象，导致产量降低。现在的农业认为，土壤病是由多种原因引起的。

1.每种作物都有一些专门为害的病虫杂草。连作可使这些病虫草周而复始地恶性循环式地感染为害，如黄瓜的霜霉病、根腐病、蚧线螨；番茄病毒病、晚疫病；辣椒的青枯病、立枯病等。

2.不同作物吸收土壤中的营养元素的种类、数量及比例各不相同，根系深浅与吸收水肥的能力也各不相同。长期种植一种作物，因其根系总是停留在同一水平上，该作物大量吸收某种特需营养元素后，就会造成土壤养分的偏耗，使土壤营养元素失去平衡。如禾谷类作物对氮、磷、硅吸收较多，对钙吸收较少，而且豆科作物对钙、磷、氮吸收较多，对硅吸收较少，但由于根瘤的固氮作用及根、叶残留物较多，种豆科作物之后，土壤含氮量较高，土壤较疏松；叶菜类、十字花科蔬菜作物，其根系分泌有机酸，可使土壤中难溶性的磷得以溶解和吸收，具有富集土壤磷的功能。但多数作物对固定在土壤中的磷却难以吸收。

3.不同作物根系的分泌物不同，有的分泌物有毒害作用。如大豆根系分泌氨基酸较多，使土壤噬菌体增多，它们分泌的噬菌素也随之增多，从而影响根瘤的形成和固氮能力，这也是大豆连作减产的重要原因。高粱除了吸肥力强，需肥量大外，其多量的根系分泌物可抑制小麦等其他作物生长，所以对大多数作物来说，高粱前茬不好。

4.连作由于耕作、施肥、灌溉等方式固定不变，会导致土壤理化性质恶化，肥力降低，有毒物质积累，有机质分解缓慢，有益微生物的数量减少。

在有机农业生产中，轮作是首先要解决的问题，只有解决轮作问题，才能摆脱现代农业严重依赖的农业化学品。实现有机农业的生产，所以，轮作是有机栽培的最基本要求和特性之一。无论是土壤培肥还是病虫害防治都要求实行作物轮作。

合理的轮作可均衡利用土壤中的营养元素，把用地和养地结合起来。可以改变农田生态条件，改善土壤理化特性。增加生物多样性。免除和减少某些连作所特有的病虫草的危害。利用前茬作物根系分泌的灭菌素，可以抑制后茬作物上病害的发生，如甜菜、胡萝卜、洋葱、大蒜等根系分泌物可抑制马铃薯晚疫病发生，小麦根系的分泌物可以抑制茅草的生长。合理轮作换茬，因食物条件恶化和寄主的减少而使那些寄生性强、寄主植物种类单一及迁移能力小的病虫大量死亡。腐生性不强的病原物如马铃薯晚疫病菌等由于没有寄主植物而不能继续繁殖。轮作可以促进土壤中对病原物有抵抗作用的微生物的活动，从而抑制病原物的滋生。

合理轮作有助于抑制杂草及病虫害，也有利于改善植物养分的供给，防止土壤流失，降低水资源的污染，为此作物轮作是当前美国可持续农作制度的一项核心内容。在以种植农作物为主的家庭农场实行的轮作方式主要有两种：一种是2年玉米——大麦（套播牧草）同时轮种3至4年牧草——玉米；另一种是1至2年玉米——2年大豆——小麦。此外还有小麦——棉花轮种牧草——棉花轮种等多种方式。

美国纽约时报1988年报道了一个农场主所进行的不使用化肥、农药的替代农业生产过程。其农场面积为230英亩，他在收获玉米以后，种植燕麦，使它生长密集、高大以抵制杂草的生长，在燕麦之后种苜蓿、豆科作物，给土壤增加氮的含量，在2~5年以后再一次种植玉米时就可以获得较高的产量。这个农场在春、秋两季施用有机肥，同时制定轮作计划来对付杂草和病虫，因此极大地降低了生产成本，生产投入是使用化学制品农场的1/5，其苜蓿的收获量达到每公顷平均15吨，比全国平均水平高50%。6年这样的实践已使他增收2万美元。

国外有机农业为了保持系统的自给性，营养必须再循环，氮元素必须保持较高的状态或增加，采用轮作制可以做到这一点。轮作中为了增加或保持有效氮，种植了诸如豆科植物的好几种作物，种植豆科植物主要是作为商品氮肥的补充来源，当豆科作物在轮作或与其他作物（如玉米、小麦或高粱）混作时，固定的氮素不是直接通过根系分泌液就是间接地通过豆科植物组织的分解作用转移给这些作物。氮素堆积物与土壤渗出液为生长在植物根系中的微生物提供了氮素来源。同豆科作物复种不仅能通过生物固氮增加氮素投入，而且也能改变土壤系统中氮素的运输方式，最终改变了养分保持和流失机制。

澳大利亚西部农业系统是基于混合草地农业系统基础上的，是谷类作物与一年生豆科牧草及其他作物轮作。改良草地的牧草品种主要是三叶草及小面积苜蓿，主要豆科作物是羽扇豆和豌豆。这些牧草品种和豆科作物的优势是：

1. 可提供土壤氮，这在西澳大利亚无肥力的农业土壤中尤为重要。

2. 为牲畜提供高蛋白牧草或为农田生产高蛋白种子，进而为动物所利用或被人消费。

3. 它们的种子能够结荚果或刺果，以便在干燥的夏季作为一种粗饲料为羊利用。

4. 在无肥力的土壤上，豆科牧草的残留物增加了土壤中氮的含量和其他有效成分。土壤氮素含量水平被谷类作物不断降低，而增加的有机成分对改进土壤结构起到了积极作用。

5. 对谷类疾病起到了消灭或抑制作用，因为它们对谷类疾病不具有寄生的作用。

6. 可有效控制杂草生长，对农田管理具有积极的作用。

7. 能够增加后茬谷类作物产量，同时提高蛋白质水平。

8. 为管理提供了较大的灵活性，使来自作为商品的谷类作物，或牲畜价格波动在许可范围内增加大的利润。

因为澳大利亚西部旱地农业适合低投入，豆科草地和作物的利用，提供给以上所列的益处似乎是一种理想系统。无论是在谷物生产、牧草或豆科作物生长地区，虽然每年投入低，但作物产量、羊、毛、肉等产品产量都会逐年增加。

不适当的作物轮作将会耗尽土壤的生产力，降低土壤性能，增加土壤侵蚀速度。因此，改变不合理的作物轮作方式，也将是提高土壤性能、增强土壤抗蚀力、控制土壤侵蚀发展的一个重要途径。

从提高地表物质的抗蚀性和改良土壤角度出发，作物轮作的合理配置应该是水保性植物与耗地力作物的交替种植，在这种体系下，土壤有改善状况和提高抗蚀性的充分时间，即使在侵蚀性作物生长时期，保土性植物残体也还可以起到一定的阻滞土壤侵蚀发展的作用。如在丘陵地区的"小麦＋绿肥＋花生、西兰花＋四季豆"，这种旱地间套复种带状轮作体系，就是较为科学的作物轮作体系。

实验结果表明，轮作是保持和增加农田土壤肥力最为行之有效的方法之一，对改善土壤结构和土壤中的生物、水和腐殖质含量，防治杂草、病害虫害等对土壤的侵蚀具有显著的效果。

第五章 国外有机农业实例分析

第一节 美国的有机农场

一、纽约长岛的有机蔬菜农场

长岛的位置西接纽约市，东临大西洋，南北距离 32 公里，东西距离 200 公里，面积 6400 平方公里，适合于农业的发展，现在因竞争不过旅游业，全部粮食作物都转移到边远地区生产，剩下为数不多的土地，主要种植有机蔬菜、优质葡萄和花卉。

（一）露地有机蔬菜生产

进行有机蔬菜生产的农场，环境条件中的土壤、水和空气都要检测合格后才能进行生产。这里的露地蔬菜灌溉也用滴灌和微喷，全部为可移动式的灌溉系统。进行拖拉机土壤耕作时，把塑料管往旁边移动一下并不费工。生产中主要采取以下几项农业技术措施。

1.实行轮作。同一种蔬菜作物要实行 4 年轮作期，否则易感染病害或生长不良。

2.种植绿肥。主要是豆科绿肥作物，种植面积约占农场总面积的 1/3～1/4，以增进地力，抑制杂草。

3.施用有机肥。有机肥一方面来源于本农场植物收获后的茎叶堆肥，另一方面来源于畜牧场的鸭、鸡粪，这些粪肥经过堆放发酵，蔬菜农场只出运费，等于替畜牧场处理粪便，否则会污染环境，这种粪肥的氮磷钾总量在 8% 左右。对于速生叶菜除施基肥外不用再追肥，番茄、甜椒等生长期长的蔬菜，需要追肥，可把干鸡粪施在植株根旁，有时也用液体鱼肥，全部是有机的，其中氮磷钾的比例大约为 3∶1∶1。随滴灌系统进行追肥，该农场的土壤有机质在 3% 左右，一般都进行测土施肥。

4.病虫与杂草防除。对于杂草主要采取栽培措施，如种植绿肥压草，利用机械中耕，不用除草剂。虫害利用天敌即生物防治法。病害除了利用栽培措施，选择最适合的栽培条件外，最有效的是选用抗病品种，实地轮作。此外施有机肥也会增强植物体的抗性。

（二）温室蔬菜

长岛的温室面积不大，总面积不超过 20 公顷。虽然天气不算很冷，但几个月的冬季能源消耗多、成本高，因此限制了温室的发展，这里的温室顶高 5.5 米，主要生长季节是春、夏、秋。温室顶高在 3.2 米以上者有烟囱效应。夏天加上遮阳设备，可以自然通风，节省能源，温室主要作春季作物育苗用，育苗后可以生产芽菜、盆花，冬天种一些生菜等速生蔬菜。这里是美国最早应用启闭式屋顶温室的地方。热天温室屋顶全部打开，让阳光直射进来，有利于培育壮苗，也有利于降低蔬菜硝酸盐含量。

（三）产品质量标准

在美国可持续农业产品称为有机食品或天然食品，并不是随便哪个农场都可以生产的，必须经有关单位核准后才能使用有机食品的商标出售。美国农业部已制定全国的统一标准，于 2001年 2 月 20 日开始试行，2002 年 8 月正式执行。生产者无权规定有机食品的标准，但各州有机食品生产标准大同小异，即在当地空气、水合格的条件下，种植作物 3 年以上不使用化肥、农药、合成激素和有毒物质，这种地方才可以生产有机食品，产品质量每年检测1次，蔬菜的主要检测项目为硝酸盐、有机磷农药与人工合成的激素。不合格者不准按有机食品出售。

（四）销售市场与价格

1.有机蔬菜市场。到1999年为止，美国有1200万素食者，而且还在不断地增加。许多大的超级市场有专卖天然食品和有机食品的柜台。纽约市皇后区的健康食品店，就专门销售长岛的有机蔬菜，目前供不应求。

美国人愿意买有机蔬菜的原因，首先是从健康与营养的角度出发。有机蔬菜的营养成分较高，维生素较多。其次是为保护环境的生态平衡。再者有机蔬菜的风味好，芳香，可食用纤维素多。

2.品种多样化。长岛有机蔬菜农场面积不大，但种植的种类品种繁多，约30种，主要有小红叶生菜、不结球生菜、防风、苦苣、菊苣、厚皮甜瓜、番茄、西葫芦、荠菜、黄瓜、茄子、甜椒、茴香、香菜、豌豆苗、小麦苗、紫球茎甘蓝、细香葱、韭葱、草莓、樱桃萝卜、薄荷等。这些蔬菜便于销售，因为许多饭店要求进菜为多品种，少批量。

3.发展速度与价格。有机农产品是目前美国农产品中增长最快的。2000年美国有机农产品的总产值达55亿美元，平均每年以20%的速度增长，市场上顾客对有机农产品的需求已超过研究与教育发展的速度，估计今后相当一段时间内，仍会快速发展。

有机蔬菜的价格各地不同，但比同类无机产品价格一般高30%，有时达2~3倍。以纽约市生菜价格为例，一般每千克无机生菜批发价只1.5美元，有机生菜为3美元，有机香辛菜每千克可达44美元。

二、美国加州有机苹果发展

（一）有机苹果的市场状况

美国加州是华盛顿州之后的第二大苹果生产基地，年产量超过 50 万吨，占全美总产量的 10%~20%。自 1986 年以来种植面积增加了 50%，1998 年种植面积达到 1.5 万公顷，总产值从1992 年的 1.38 亿美元增加到 1996 年的 1.7 亿美元。苹果的 3 个主产区分别是 SanJoaquin 河谷、中海岸和北海岸地区。从 1990年起，加州种植的有机苹果面积迅速扩大，与传统生产保持相同的增长速度。虽然全州有机苹果生产面积仅占一小部分，但面积不断扩大，成为加州苹果市场发展的方向。

（二）有机苹果生产管理法规

目前，加州主要通过两个法规来管理有机产品的生产和消费，即 1990 年的加州有机食品法案和 1990 年的联邦有机食品法案。联邦法实施和生效的时间目前还不确定，取决于农业部国家有机食品标准的形成。该法律描述了任何被冠以"有机"产品的生产标准及对"有机农业"和"有机食品"标识的法律定义。目的是保护生产者、消费者、加工者和销售者，反对欺诈，并向消费者保证有机产品符合特定的标准。另外，法律也促使了有机食品在全美运输和销售的顺利进行。

联邦有机食品法案于 1993 年 10 月 1 日生效。然而由于法规制定程序、实施和生效被一再延迟。一旦实施，有机食品法案优先于加州法律，除非加州采纳比农业部更严厉的标准。对于种植者而言，同时遵守联邦法和州法令是谨慎的做法。目前，还没有要求有机生产者进行联邦注册，也没有收取任何评估费用，但是要求所有年度总销售额超过 5000 美元的种植者必须到授权的机关注册。注册机关通常有相应的制度和规定，但并不仅限于此，每年还要进行农场检查、阶段性农药残留检测以及费用合理性的评估。联邦和其他机构的认证不是等同的，也不应与州注册相混淆。另外，按照目前的联邦法，种植者必须有3年过渡期，否则应向联邦、州及独立的认证机构咨询是否允许有例外。

（三）州政府管理部门注册

生产和销售有机产品的种植者每年必须到加州食品和农业局注册，并遵守1990年加有机食品法案规定的生产程序和标准，违反法律者将受到处罚。在州和联邦法中，咨询委员会已编辑出版了有机农业生产中已批准和禁止使用的物质名单。从事有机食品生产和销售的种植者必须在本州注册，联邦法也将要求注册。从加州食品和农业局有机项目处可获得法律副本、允许或禁止使用的物质名单。

州有机食品项目是由种植者每年上交的注册费资助，由州有机项目处管理。最初的注册是通过县农业委员会，随后的注册资料集中在萨克拉门托这个地区，在这里进行后续的注册工作。加州有机食品法案每年对农场生产和经营环节进行非强制性检查，2004年加州有机食品项目执行了一项新的政策，随时可以进行突发性检查。

销售额收取2000美元不等。第一年的注册费必须付一次性的评估费用，额度根据以前的销售情况收取。如果上年没有销售额，交纳的额度根据项目费用而定。

（四）有机证书

在加州注册的认证机构已有数家，但由于农业部的认证项目还没有实施，目前还没有一家为联邦认证机构。每个认证机构都必须遵守州及联邦的有机食品法令，另外还要执行有关标准及操作程序。认证机关的市场检查、田间检查及记录要收取额外的费用。尽管加州法律并不要求必须进行认证。但大多数有机品种植

者希望通过认证以符合市场要求的标准。

认证过程从申请人把材料送交给认证机构开始。申请的材料接受证书委员会、董事会、专家组或专家的评估和检验。只有当样品符合州、联邦、认证机构有关标准的情况下才会发给证书,而且必须经过 3 年的过渡期之后。种植者必须遵守生产标准,为有机食品认证提供足够的数据。种植者必须准确记录田间使用的所有材料的情况。

以下是种植者申请有机产品的生产和获得认证资格的大致程序:(1)获得州及联邦法律、资料;了解一个或更多的认证机构的标准、程序;选择最适合本农庄生产及市场运作的认证机构。(2)遵守与州、联邦法律及认证机构相关的规则、程序等等。(3)汇总每块农田作物生产或管理的历史记录;(4)详细记录生产实践及投入,比如记录所有使用的材料名称、使用时间、地点、目的、面积及用量。(5)准备农场检查、检查包括投入材料及生产实践的记录,还可能会采集土样。(6)在州注册成为有机产品生产者后,就可以开始在市场上进行有机产品的销售。

三、加州富贝利有机农场

富贝利有机农场是美国加州的一个私营农场,4 个企业伙伴分别来自于 3 个家庭,种植着 200 英亩(注:1 英亩约等于 6.1 亩)的土地。这个名叫富贝利的农场坐落在加州首府萨卡拉门托,是一个集果品、花卉、蔬菜生产和销售于一体的农场,是一个经过加州认证的有机绿色农场。

安德鲁·布莱特、保罗·木勒尔、朱·瑞乌尔斯和朱迪·瑞德曼是富贝利农场的农场主,而且各有专长,他们共同经营着 160 英亩的土地,另外 40 英亩地对外出租。在买这 200 英亩地之前,他们曾租用别人的土地,有了适当的机会时便马上把这片地买下来了。瑞德曼说，拥有土地对农民很重要，因为他们可以不断地改良土壤，提高经济效益，而租用土地有时不容易做到这一点。

这个农场四季都有五六十种农作物同时生长，果品包括鲜食葡萄和桃李类核果，垄种的作物包括了几乎所有的能在地中海种植的各个品种，而且规模都很大。

为了推行多样化种植模式，他们把地分成了若干小块，种植了多种农作物。瑞德曼说这种多样化种植方式在经济效益上很明显，因为如果一种作物歉收，农场还可以依赖其他的作物继续创收。

种植这么多不同的作物需要有非常敬业的劳动力人选，因为除草采摘和包装都需要手工操作。这个农场常年雇佣几个工人，农忙时再雇佣临时工，人数有时多达 40 人。虽然工作很费力，可瑞德曼说是约有一半的雇工的忠实和诚恳赢得了这个农场的成功，反过来农场也解决了很多人的工作问题。据瑞德曼说，那些长期在这里做工的人都熟知这个农场的规则，他们对自己所做的工作感到骄傲和自豪。

农场里的作物几乎都要采摘、冲洗和包装，然后运往餐馆和市场。另外，富贝利农场每周都要参加农民菜市场的农产品展销。他们坚持跟踪调查，及时反馈，并对每个订货者所订货物逐个记载（用统计图表的方式）。这样不仅能够及时获取新的信息，有利于提高服务质量，而且也能使农场更好地生存下去。

这个农场还通过当地一个叫做加拿大标准协会的农业支持媒体来卖产品。这个中介组织可以给消费者预定所需的鲜菜和水果，一次订购一般可以满足一个四口之家一周的需要。蔬菜的种类因季节而定，例如一个春季的订货单可能包括：一把胡萝卜、几个绿色菜，一捆儿红甘蓝，一磅(约 0.4536 公斤)土豆，一绺儿蒜苗和半磅混合蔬菜色拉……订货的人可以从附近的货物中心将所订购的蔬菜取回，也可以多付一点钱让配货中心送货上门。这个社区的农业支持组织大部分是通过口碑相传来做广告的，这样也能充分体现货真价实的商业原则和信誉。目前该中心有600多个成员，它的货架上保存着当季最新鲜、最水灵的农产品。瑞德曼说："这个本地的农业支持组织和农产品市场有助于将农场跟消费者直接联系起来。"

富贝利农场是有机绿色农场，轮作是控制病虫的关键。"病虫是和土壤紧密相关的，所以我们迫切需要健康的土壤。"瑞德曼说，"我们尽最大努力改良土壤，比如种三叶草固氮和施有机肥料。通常情况下，农民在翻地前先让羊吃一些三叶草，三叶草不收割，而是翻在地里把营养还回土壤。"

问起"富贝利"（意思是填饱肚子）这个名字的由来，瑞德曼说："我们相信每个人都应该是在饱了肚子之后方上床睡觉，农业的一个责任就是让世界上没有饥饿。我们农场援助收入低的邻居，这么做是因为我们认为世界上不应该有饥饿。"

瑞德曼还说："我们种植经济价值高的作物，例如胡萝卜、核桃和色拉菜，而不是像其他地方种玉米、小麦和大豆（美国人用大豆做饲料），因而我们的农场曾有过销售每年递增20%的辉煌历史。"

这个农场还给对农业种植有兴趣的人提供动手操作的机会，许多来自欧洲、南非和德国等国的人都到这里亲身体验过农场生活。

富贝利农场参与许多公益活动，包括教育性参观旅游。学校的孩子们向往的就是参加每年一次的秋收节了。通过这些活动，孩子们了解了农业，认识到了农场在这个社会中的重要性。

四、UCSC 有机农业试验农场

该农场于 1972 年由艾伦·查德威克建立，艾伦在美国发展和推广了法国精细耕作的有机园艺技术，通过密植作物以求在小面积土地上获得最大收获。农场现占地约 10 公顷，是农业生态项目的教学与科研基地。农场工作人员主要由每年招收的来自国内外的 30 名受培训者担任，他们从 4～9 月进行为期半年的有机耕作的理论与实践学习，以经营自己的有机农场或传授有机耕作技术。农场包括温室、菜园、实验地、果园等四大部分。每一部分都设有一橱窗以使参观者对该部分有一个具体了解。

（一）温室

农场所需秧苗大多在温室培养而成。这是个太阳能温室，特殊设计了双层玻璃天窗，形成空气隔离层，以减少热能损失。温室分为三层，可满足不同生长阶段幼苗的温度与光线要求。幼苗在小花盆、浅盘或格子浅盘中培养，培养基由堆肥、土壤、沙子、泥炭、碎树叶组成。不同容器中各种成分的比例因目的的不同而不同。在幼苗生长阶段喷施粪液，即由家禽粪便浸水 2 至 3 周制成，可为幼苗提供可溶性速效营养源。

（二）菜园

菜园长 107 米、宽 61 米，手工种植蔬菜、鲜花、草本植物，是家庭菜园的模型，此成功经验可用于家庭园艺的有机耕作。垄行南北走向，以接受最大的阳光照射。在这较小的面积上种植有多种多样的植物。所采用的主要园艺技术为：

1.高垄种植

用双挖法做种植床，即用铁锹翻起一块土后，再用铁叉搔松下层土，然后用铁锹将土翻转覆上，并将有机肥如堆肥、绿肥、饼肥等混入土中，以使土壤疏松、通透性好，有机肥在整个生长季节慢慢释放养分。作物在这种高垄行上生长，根系发达，能吸收充分的水分和养分。

2.高密度种植

由于垄行制作精细，故能进行高密度种植，幼苗株行距的制定以成熟时邻近植株叶子互相交叠为准，这样可以减少土壤水分蒸发，并抑制杂草生长。

3.多样性种植

在自然生态系统中，许多不同的动植物栖息在一起，各自都有自己的生态位，这种多样性创造了捕食者与被捕食者之间的平衡，从而抑制了病虫害的爆发。菜园模拟自然系统的多样性，种植了多种蔬菜、水果、鲜花，另外在菜园四周及作物垄行边角上种植有很多一年生和多年生的草本类植物，如地榆，浆草、香柠檬、艾菊、当归、洋艾等。它们为益虫提供了食源和隐避处所，同时收获后又可加工成调味品、饮料和药物制剂。

4.灌溉和堆肥

大多作物采用橡皮管进行滴灌，以节约水源，抑制杂草生长，降低湿度，防止真菌病的发生。对于浅根且生长季节短的作物，如花椰菜与大白菜，则进行喷灌。

在菜园后边，有一堆长方体形的堆肥，堆肥是有机耕作的主要肥源。利用厨房垃圾，农场产出的枯枝落叶、秸秆、粪肥进行堆制，使肥料尽量来自本农场，以便养分的循环利用。堆肥制作过程如下：以干燥、粗糙的树枝、玉米秸秆作为底层，再铺以厨房垃圾和新鲜的杂草、叶片等，覆上一层土与粪肥（提供微生物与氮源），上面又盖上草叶、碎屑类，这样重复直到肥堆达到1.2～1.5米为止。为了加速物质降解，一段时间后需要进行翻堆与浇水。以利通气和保持一定湿度。约三个月后，营养丰富、疏松易碎的腐殖质样堆肥即可形成。

（三）实验地

菜园后面是一片实验地，教职工以及学生们可以在此进行各种有关生态学与有机耕作方面的研究。研究课题主要有以下几方面内容：

1.植物毒素抑制。农业生态研究者们正在寻找方法将植物毒素应用于农业生产中，替代除草剂与杀虫剂。

2.覆盖作物。农业生产中有两个主要问题，一是土壤侵蚀，二是对石油能源合成的氮肥的依赖。而覆盖作物却能部分地解决这个问题，研究者们正在研究几种豆科覆盖作物，以及黑麦草与豆科作物的配合，以找出哪种作物及与哪种配合最能有效地抑制杂草生长与最有利于下季作物生长。

3.间作。在同一垄行上种植几种作物可创造益虫栖息地，减少由于虫害而引起的损失。这里正在进行多种间作实验，以找出农民愿意接受的间作类型。

4.旱作。即在作物生长过程中不进行任何灌溉的种植方式。这种种植要求土壤有机质含量高，持水能力强。植株株行距大，减少对土中水分的竞争。旱作产量虽较低，但果实味道却属上乘，品尝这里的旱作西红柿熟果，味道确实很好。

5.轮作实验。轮作能控制病虫害，使之不在同一块地里连续生存。这块实验地较菜园大得多，是用以探索在较大面积上实行有机耕作的方法的地方。工作人员在这里用拖拉机进行翻耕和除草，他们根据不同作物的不同营养需要和不同的生长形式而制定了 10 年轮作计划。从而发现，食用作物的种植顺序是从浅根需肥量大的作物至深根作物，这样可充分利用不同土层的养分与水分，并以豆科作为覆盖作物，提供氮源，抑制杂草，减少侵蚀。

（四）果园

果园以苹果为主，另外还有梨、葡萄、猕猴桃等。果园同时又是室外生物防治实验室，进行苹果蛾防治实验。这种蛾的幼虫会钻入苹果内，严重时能造成80%的苹果损害。防治实验采用如下方法：

1.秋季在树干上绑一圈纸板，形成黑暗保护性的环境条件，诱引幼蛾爬入化蛹。早冬时将商业化生产的食虫和水喷入纸板圈内，从而杀死越冬幼虫。

2.在小纸袋中装上性外激素，挂于果树枝头，以混淆和骚扰雄蛾，使之找不到雌蛾交配，从而减少产卵数。另外研究者们正在研究果园里发现的一种寄生蜂，它能产卵于蛾卵内。他们收集这种蜂卵，试验人工培养，以发展为一种商业化的天敌益虫。通过这些防治措施，果园里苹果蛾得到有效控制，呈现出一派丰收景象。

农场从建立至今已有20多年，农业生态项目组的科学家们在这块土地上取得了许多农业生态和有机耕作方面的成果，并已被广泛用于家庭园艺和大规模的农业生产中。

第二节 德国的有机农场

一、苍蝇农场

在自然界中，苍蝇是传播疾病的重要媒介害虫，能给人、畜传染多种疾病。然而，如今有人说，苍蝇也可以成为人类保健的"明星"。苍蝇养殖是生态农业良性循环体系中解决废物利用的生物工程。科学家在苍蝇身上不但提取了如抗菌肽、凝结素、干扰素等有机抗菌物质，能杀死各种微生物类细菌，还发现了甲壳素、壳聚糖等物质。最令人想不到的是，从蝇体内可诱导产生抗菌物质，这些物质包括抗菌肽、抗菌蛋白、壳聚糖、昆虫凝结素等，是抗病菌药物开发的一个很有发展前途的方向。

在德国吕贝克市郊，有一座引人注目的农场——苍蝇农场。它占地几百公顷，场内绿树成荫，环境清洁。令参观者惊奇的是，名为苍蝇农场，但在户外却见不到一只苍蝇。原来，苍蝇都在一排排青砖红瓦的室内养着呢。

"苍蝇农场"的特点是以饲养无菌苍蝇为主，从而带动家禽饲养业、家畜饲养业，推动农业种植业，衍生出饲料加工、工业提炼、医药制造、食品加工等一系列的场办企业。

苍蝇的繁殖力在昆虫世界位居前列，一对家蝇的种蝇在12~15天的生长周期内，可产卵1500颗左右。而在繁殖温度适宜的夏、秋约4个月时间内，其后代以几何级数增加，卵育出蛆生产的蛋白质，竟可达600吨左右，而且是高级纯蛋白质粉，可列入上乘天然"绿色食品"行列。在生产过程中同时还得到脂肪、抗菌素、凝集素等，这些则是工业、医药的制造原料。还有更值钱的副产品，那就是蛆壳，这是纯度极好的"几丁质"。在国际市场上高纯度几丁质每克价达20多美元，一吨即为人民币1亿元，效益和利润之大可想而知了。

"苍蝇农场"的一部分鲜蛆可直接喂鸡、鸭、猪，但大部分可加工成蛋白复合饲料。而新鲜的鸡、猪粪，又可作为蝇蛆的最佳营养料。经蝇蛆摄食消化过的培养料，经分离去蛆后，则是上乘的农家土杂肥，即有机质肥，施在农场的五谷作物及果蔬上，具有化肥不能相比的疏松土壤等功效。因此，"苍蝇农场"的农产品不仅产量高，而且质量好，深受人们欢迎。

二、赫尔曼斯多尔夫养殖场

同大多数发达国家一样，德国政府对发展生态农业，提高农牧产品的品质越来越重视。政府不断采取措施，加强对农业生态环境的保护，对生态农业实行了财政补贴政策。资料表明，德国有 3%以上的农场属于生态农业农场或有机农业农场。这些农场的土地每年可获得 450 马克／亩的资金补贴。此外，德国各地还建立了生态农业协会、生物农业协会和有机农业活动联盟。为了带动生态农业技术的发展，联邦政府还扶持建立了一批生态农业示范基地。赫尔曼斯多尔夫养殖场就是一个比较成功的典型。

（一）养殖场的概况

赫尔曼斯多尔夫养殖场离汉诺威市仅 8 公里，占地 115 亩，属股份制企业。该农场于 1998 年 11 月开始建设，共投资 2200 万马克，其中：国家补贴 400 万马克，银行贷款 800 万马克，其余资金自筹。养殖场养奶牛 50 头、猪 560 头和蛋鸡 2000 只，还建有建筑面积近 2000 平方米的经营（代销、加工）门市部和技术培训部。经营门市部设有酒店、面包房、自选市场和接待室。技术培训部有专门的一幢楼，可供 50 人住宿、就餐和授课。

（二）养殖场的特点

从牛舍（猪舍、鸡舍）的建设、机械设备的配备、饲料加工到能源供应、废弃物处理和废水净化等，赫尔曼斯多尔夫养殖场均按照生态平衡和环境优化的原则进行了精心的设计和规划。其特点如下：

1.环境的美化和优化

为了营造美观舒适的环境，该养殖场规划建设了多种兼有实用性和观赏性的场所。比如，建有植物园，园中种植花卉、草坪、林木和农作物；修建了水池，水池周围还修建了石柱、环池走廊等；还建造了风车、多种古代畜力车模型及象征攀登意义的人工土山等。

2.自然型的饲养方式

与目前工业化养殖场不同，该养殖场首先考虑的是采用接近自然方式的饲养方法，以保证畜产品的品质和质量。比如猪舍、鸡舍、牛舍的建设大量采用木质建筑材料，空间宽敞，给养殖的动物提供了充分的活动场所，鸡舍饲养密度为6只/平方米，而且还建有活动场地，采取了类似散养的方式，使鸡在接近野外的环境里自由活动和采食。

3.合理利用可再生资源

养殖场收集、贮存雨水用来冲洗牲畜的粪便；还将小麦秸秆铺放在圈舍，一方面给养殖畜禽提供温暖和接近自然的地面条件，另一方面秸秆经畜禽踩踏、粪便浸泡后可沤制成有机肥料。养殖场建有沼气池，定期将圈内粪便、秸秆添加到沼气池，产生的沼气被输送到养殖场附近的居民家中，做生活能源；残余物则作为有机肥施入农田以补充土壤的养分。

4.废水的生物净化处理

为了消除废水对地下水源产生的污染，该养殖场还建起了生物净化水处理设施，具体做法是挖制人工池塘，池塘种有芦苇等水生植物，将废水排入池塘，再通过塘内的生物使废水得到净化处理，再渗入地下。为了保证净化水的质量，专门成立了水质化验检测机构，定时对废水水质进行测量、化验和分析，为废水处理提供科学的依据。

德国发展有机农业的目的是改善现有农牧业产品的品种结构，以绿色食品、有机食品替代传统食品，保护人类生存的自然环境。有机农业产品的产量低，价格相对较高，但销售情况不错，大多数有机农业企业均取得了较好的经营效果。

第三节 以色列有机番茄的温室生产

以色列把高科技普遍应用于农业生产，发展技术密集型的高

科技农业，这是以色列有机农业发展迅速的一个主要原因。以色列南部的沙漠地区有一个有机农场，那里的有机番茄的温室种植、包装销售以及认证等可以说是以色列有机农业的一个缩影。

一、有机番茄的温室种植

以色列在沙漠中建立了现代化的农业生产体系，其中最有代表性的就是由温室大棚、滴灌系统和电脑控制等现代化栽培技术组成的农业温室。该农场由两位年近 60 岁的夫妇经营管理，共有 4 个温室，其中 3 个用于有机番茄种植、1 个用于有机甜椒种植。他们在温室中进行规模化有机番茄的生产，应用先进的温室生产方法，克服了有机生产中的许多难题，比如湿热等气候条件限制、植物病虫害防治、杂草控制以及有机肥料有效利用等。

1. 温室构造

温室是采用热镀锌钢结构的连栋温室，跨度 8 米、顶高 5.5 米、门宽 4 米，可以进出大型机械，温室面积平均为 1 公顷（每个温室平均年产番茄 600 吨）。温室屋顶外层用塑料薄膜覆盖，内层及四周侧墙为遮阳网和防虫网。夏季温度升高时撤去外层塑料薄膜。温室内配有智能滴灌系统。

2. 番茄的有机种植

根据客户的需要，这家农场主选种了 3 种不同的无限生长型番茄品种，其中还有 1 种为新型的试验品种。种苗从有机育苗公司购买，采用嫁接技术，对番茄进行嫁接栽培，这样可以增强番茄植株的长势和抗逆性，延长产品收获期并提高产量和品质。

（1）时间安排。每年的 9 月份开始购苗种植番茄，一般 2 个月后收获第一批番茄，直到次年的 5 月底番茄采收完毕，采收期为 7 个月。6 ~ 8 月份休整土地，先拔除番茄蔓，清理土地，之后施用有机粪肥，测试土壤成分，同时进行阳光消毒，不但灭菌杀虫，还可消除一部分杂草。

(2) 田间管理。定植前5天对土壤进行灌水。由于番茄植株强壮高大，所以行距保持70厘米、株距30厘米。缓苗期严格控制温室内湿度，又要防止缺水。在第一穗果实出现之前，要控制浇水，并在水中少量添加来源于死海的天然肥料。而盛果期的水肥必须充足，由设置在温室中的单片机自动控制浇水，水肥混合在一起进行滴灌，这样可以提高肥料的利用价值，减少营养浪费，并有效地调节湿度。

番茄是草本植物，容易倒伏，当种苗长到30厘米左右时用塑料绳吊蔓，绳上部固定在棚架的铁丝上，下部系在茎基处。让茎蔓绕着吊绳直立生长。以后植株每长高30厘米左右都要把蔓绕着吊绳缠绕。番茄的分枝性很强，要定期进地单干整枝，只留主茎，把所有侧枝都除掉。

为确保果大质优、均匀一致以及根据包装类型，每穗果都保留5~6个，其余畸形、多余的和小花果都及时剪掉，使之有效利用养分。果实一般是从靠近根部处往上逐渐成熟，所以在采收果实之前进行剪叶工作。工人把从底部到第一个成熟果实以上2~3个果穗之间的叶子全部剪掉，这样不仅易于工人采摘，也减少了养分损失，增加空气流通，方便以后的整枝打杈工作。

由于番茄是有机种植，必须采用自然方式授粉，所以要在温室内放养蜜蜂，增强异花授粉的功能。蜜蜂从专门的有机蜜蜂养殖公司购买，公司派专门的技术人员定期查看蜜蜂生长授粉情况。

(3) 除草。由于有机农业生产完全禁止使用传统的除草剂，所以主要采用手工方式进行除草。而在温室中使用滴灌系统，大大减少了杂草的滋长。滴灌可以减少水分和营养的损耗。另一个优势就是在滴灌过程中，从管路中流出的水分主要集中在番茄根系周围很小的部位，所以其他地方都保持干燥或只有很少的水分，这样就大大抑制了杂草的丛生。工人在整枝打杈时就可以用手除掉番茄植株周围的杂草。

(4) 病虫害防治。有机番茄的病虫害完全使用物理防治方法。防虫网是病虫害综合管理的重要工具，这个农场的番茄温室均采用银色防虫网阻止害虫进入，不但可以减少直接危害，也减少了害虫传毒机会。

温室中番茄的虫害主要是白粉虱，利用它的成虫有趋黄色的特性，在温室的每根立柱上都缠绕黄纸板，涂上机油，粘杀成虫。在上茬番茄收获完毕清园时彻底清除残枝、落叶及较大根系，防止附在残枝茎叶上的病菌散落温室内；每年在土地休整时都要对土壤进行深翻以破坏病菌的生存环境；由于当地夏季最高温度可达45℃以上，在施用有机基质肥调节土壤营养的同时对土壤进行2个月的强烈阳光暴晒，可以杀死大量病菌；由于采用滴灌保持了土壤的物理结构及土温，利于根系生长，增强了番茄的抗逆性，并大大减少了病虫害随水流的蔓延；另外，根据天气和番茄的长势适当喷施有机叶面肥和放风排湿，遮阳网和防虫网经常用清水冲洗。这些都大大减少了番茄病虫害的发生。

二、有机番茄的包装销售

在该农场，所有农户的产品营销、农业生产资料和设备采购等方面，都依托社区合作组织办公室进行协调。所以番茄的营销价格主要由农业合作社组织办公室根据市场变化与客户协调决定。农场主通过网络和参加展览的方式联系客户，客户可以直接到生产基地考察，也可以通过网络摄像看到每批番茄大小、颜色等质量情况。然后根据客户的需要对番茄进行包装销售。包装、储藏和运输的过程中都要确保番茄的卫生质量，防止二次污染。

1. 番茄清洗。番茄成穗剪下后放在塑料箱中运回包装车间，在放入冷藏室前先进行高压水流清洗，洗掉尘土脏物，之后进行包装清洗。番茄的清洗包装生产线由农场主自行设计，不是现代最先进的，但清洗效果很好，也可以用来清洗包装甜椒。

在生产线的一边由 1 名工人把番茄逐个放到清洗毛刷下，毛刷上方有一喷头把清洗液持续不断地喷洒在滚动的毛刷表面，清洗液是日常使用的环保无毒的水果餐具清洗剂与水的混合液。经过清洗液浸洗的番茄由传送带送入清水清洗室，然后经强风吹走番茄表面的水珠。

2. 番茄包装。番茄的包装主要有两类。一类是放在托盘中的 400 克的小包装，价格昂贵且价格不随市场浮动，1 公斤番茄可以卖到 6 欧元；另一类是放在纸箱中净重 5 公斤的大包装，价格随市场波动，但仍高出非有机种植番茄价格很多倍。

在清洗包装生产线上，经强风吹过的番茄由传送带送至一个倾斜的转盘，在这段过程中，由 1 名工人对番茄质量进行把关，把软的、带伤痕、未成熟、单个和不够尺寸的番茄都挑选出来放在一起，这样的番茄以低廉的价格销往以色列当地市场，不能出口。沿着转盘有 3 名工人根据包装类别分拣番茄，当作大包装时由 1 名工人挑拣尺寸较小质量不足 200 克的番茄穗；作小包装时工人在转盘处把番茄称重组合放在托盘中，然后送到另一生产线进行塑封包装，然后 16 个托盘装 1 个纸箱。这些纸箱都叠放在一个塑料或木质底座上，然后用专用机械把高层叠放的纸箱用透明塑料纸带旋转缠绕，保证运输过程中牢固不松散。

3. 储藏运输。一般番茄从温室中剪摘下后当日就进行清洗包装，在冷藏库停留的时间不超过 2 天，保证番茄不受到污染。包装后的番茄由集装箱送往港口经船运送达目的地，在集装箱里最外层底座的番茄箱子上装有一个微型摄像机，摄录整个装运卸载过程，确保在运输过程中番茄不受到二次污染。

三、有机认证

有机认证是番茄有机生产中关键的环节，认证机构和认证方法是有机番茄走向市场、取得消费者认可的敲门砖。这个农场共取得了4家认证机构的认证，分别是国际有机农业运动联盟会、美国农业部有机标准、欧盟有机认证和以色列有机标准认证。该农场地处沙漠地带，周边没有重大污染源，温室选址在远离生活区和常规农业生产区的自然保护带，所以选址很容易就通过了批准。在生产过程中，温室、包装车间、冷藏室和运输中转站都有认证机构派出的专业人员随时进行抽查监督；认证机构会不定期地对土壤、番茄取样化验，分析其农药等有害物质的残留量。

该农庄取得了巨大的成功，原因主要是农民的整体素质比较高，同时对组织体系进行了完善。以色列的农民都接受过高等教育，该农场主不仅掌握专业的农业知识，还能够使用维修各种机械，熟练使用电脑等高科技仪器设备，熟悉经济核算、会计、营销等，并且他们还定期参加培训学习，是现代高素质的农业人才。农民脱贫致富最根本的还是要提高自身的素质，增强整体竞争力。同时，该农庄也有完善的组织体系，实现了规模化、产业化生产。以色列农业合作社将分散的农户联合起来组织生产经营活动，监控价格市场变化，根据国内外市场需求规划农业产出，提高农民对市场的抗衡能力，保护农民的基本利益。

第六章　有机食品生产

第一节 什么是有机食品

一、有机食品的概念

有机食品这一名词是从英文直译过来的，虽然不如绿色食品那样形象直观，但国内外已经普遍接受"有机食品"这一叫法，或者将其叫做生态或生物食品。有机食品是指来自有机农业生产体系，根据国家有机认证标准生产、加工，在原料生产和产品加工过程中不使用农药、化肥、生长激素、化学添加剂、化学色素和防腐剂等化学物质，不使用基因工程技术，并经独立的国家认可的有机食品认证机构认证的农产品及其加工产品。除有机食品外，还有有机化妆品、纺织品、林产品、生物农药、有机肥料等，他们被统称为有机产品。

二、有机食品通常具备以下几个条件

1.有机食品在生产和加工过程中必须严格遵循有机食品生产、采集、加工、包装、贮藏、运输标准，禁止使用化学合成的农药、化肥、激素、抗生素、食品添加剂等，禁止使用基因工程技术和该技术的产物及其衍生物。

2.有机食品生产和加工过程中必须建立严格的质量管理体

系、生产过程控制体系和追踪体系，因此一般需要有转换期。

3.有机食品必须通过合法的有机食品认证机构的认证。

三、有机食品、绿色食品、无公害食品的关系

有机食品、绿色食品、无公害食品是一组与食品安全和生态环境相关的概念。

所谓无公害食品，指的是无污染、无毒害、安全优质的食品，分为 AA 级和 A 级两种，其主要区别是在生产过程中，AA 级产品指的是不使用任何农药、化肥和人工合成激素；A 级则允许限量使用限定的农药、化肥和合成激素。无公害食品是通过政府实施产地认定、产品认证、市场准入等一系列措施，是政府为保证广大人民群众饮食健康的一道基本安全线。

绿色食品是通过产前、产中、产后的全程技术标准和环境、产品一体化的跟踪监测，严格限制化学物质的使用，保障食品和环境的安全，促进可持续发展。并采用证明商标的管理方式，规范市场秩序。

有机食品是通过不施用人工合成的化学物质为手段，利用一系列可持续发展的农业技术，减少生产过程对环境和产品的污染，并在生产中建立一套人与自然和谐的生态系统，以促进生物多样性和资源的可持续利用。

有机农业生产是在生产中不使用人工合成的肥料、农药、生长调节剂和畜禽饲料添加剂等物质，不采用基因工程获得的生物及其产物为手段，遵循自然规律和生态学原理，采取一系列可持续发展的农业技术，协调种植业和养殖业的关系，促进生态平衡、物种的多样性和资源的可持续利用。有机食品来自于有机农业生产体系，根据有机农业生产要求和相应的标准生产加工的，并通过合法的有机食品认证机构认证的一切农副产品，包括粮食、蔬

菜、水果、奶制品、禽畜产品、水产品、蜂产品、调料等。

有机食品在不同的语言中有不同的名称，国外最普遍的叫法是 Organic Food，在其他语种中也有称生态食品、自然食品等。联合国粮农和世界卫生组织的食品法典委员会将这类称谓各异但内涵实质基本相同的食品统称为"Organic Food"，中文译为"有机食品"。

绿色食品和有机食品都代表着未来食品发展的方向，共同点是优质、安全色食品和有机食品，都是为了减少污染，保护生态环境，追求可持续发展，从土地到餐桌全程监控质量，以保证生产安全、健康、优质的食品。绿色食品和有机食品的区别在于标准不同，它们之间最大的一个区别就是有机食品的标准比绿色食品高。从基地到生产，从加工到上市，有机食品都有非常严格的要求。有机食品在其生产和加工过程中，绝对禁止使用农药、化肥、激素、转基因等人工合成物质，而其他食品则允许使用或有限制地使用这些物质。有机食品的生产和加工要比其他食品难得多，管理也严格得多。有机食品在生产中，必须发展替代常规农业生产和食品加工的技术和方法，建立严格的生产、质量控制和管理体系。而绿色食品在生产和加工过程中，允许有限制地少量使用农药、化肥等人工合成物质。

第二节　有机食品在世界范围内的发展

有机食品产业在全球兴起，世界许多国家都相继建立了有机生产、加工、贸易、认证和有机食品相关联的培训、开发、研究等一系列完整的机构。有机食品生产和消费市场在扩大，其中欧盟、美国、日本是全球最大的有机食品市场。全球至少有 130 个国家和地区从事有机食品生产，有机食品国际贸易的品种已涉及粮食、新鲜水果和蔬菜、油料、肉类、奶制品、蛋类、酒类、咖啡、可可、茶叶、草药、调味品等，此外还有动物饲料、种子、棉花、花卉等有机产品。美国、日本、法国、丹麦、澳大利亚等国纷纷设立由政府管理的有机农业管理机构，制定有关生产标准、加工标准、管理条例或者立法，有机食品管理趋于成熟。

欧盟早在 1991 年就制定了有机农业条例；美国也于 1991 年正式颁布了《有机食品生产法》，制定了有机食品国家标准，1993年又成立国家有机标准委员会。新世纪之初的 2000 年，日本农林水产省也制定了日本有机产品认证标准——有机 JAS 规格，并于 2001 年 4 月份正式实施。国际有机农业运动联盟会的有机生产和加工基本标准也为各国或地区认证机构制定认证标准做出了重要贡献，这个基本标准每两年修订一次，以适应有机食品产业发展的最新要求。

全世界对有机食品的需求估计每年超过 200 亿美元，并且这个数字还在快速增加。英国最大的有机贸易商预测，未来 10 年内有机市场交易额将达到 1000 亿美元，其中美国与日本市场增量最大。德国资深的有机市场分析专家汉密教授预测，有机市场的年增长率为 20%～30%，在有些国家甚至能达到 50%。迅速增加的有机食品的市场需求，使得有机农业在全球发展强劲。德国就有约 8000 位有机农场主，瑞士的有机农业占农业的比重将近8%，澳大利亚有超过 2 万名有机农场主，占农业的比重约为10%，瑞典有机农业的比重也在这个水平上，意大利的有机农场已从 1996 年的 1.8 万个迅速增加到了现在的 4 万个。非洲的有机农业发展势头也在日益强劲，虽然非洲地区有机农业发展速度不及其他地区，但其发展同样引人注目，乌干达有 7000 名农民是有机棉花的生产者而被登记在册，该国有机农业生产的棉花占全世界的 10%，埃塞俄比亚生产的有机咖啡，科特迪瓦生产的有机可可豆，加纳生产的有机菠萝，莫桑比克生产的有机腰果等都是市场的热销食品，坦桑尼亚也有 4000 名有机农业生产者。拉丁美洲的墨西哥早在 1962 年就生产有机咖啡，现在已经是有机咖啡的生产大国。智利著名的安杜拉瓜葡萄园已经在培育有机葡萄，并着手生产有机葡萄酒。

有机农业意识的建立也推动着有机产品的消费。根据国际有机农业运动联盟会的一项调查，在德国，现在所有的婴儿食品正在或快或慢地转向完全有机化；在埃及，有机产品也成为主流；阿根廷、日本、波兰和澳大利亚等国家也出现了迅速增长的消费需求，而且这种消费在发展中国家也逐渐建立起来，就连麦当劳、雀巢、德国汉莎航空公司和瑞士航空公司的饮食供给也已经进入有机领域。所有这一切都预示着有机食品——有机农业正在全世界范围内不断增长，我们正走向一个食品有机化的时代。

第三节 有机食品的生产加工标准

有机标准规定了有机产品的生产、加工、运输、储藏、销售等禁止或允许的各种要求。有机农业标准不仅涵盖了种植业方面的要求，还包括了畜牧和家禽饲养业、水产业、林业等方面的要求。不仅包括生产过程管理方面的要求，还延伸到收获、加工和包装、标签等方面的要求。所以，有机农业标准是控制从农业（包括粮食、饲料和纤维）、畜牧和家禽、水产、林业的田间生产到加工成最终消费产品的一个完整的、基础性的指导法规，也可以说是有机农业的根本法则。它是生产、运输、加工、包装和贮存有机产品者必须自觉做到的要求。

有机食品生产的基本要求：

（1）生产基地在最近 3 年内未使用过农药、化肥等。

(2) 种子或种苗来自于自然界，未经基因工程技术改造过。

(3) 生产单位需建立长期的土地培肥、植物保护、作物轮作和畜禽养殖计划。

(4) 生产基地无水土流失及其他环境问题。

(5) 作物在收获、清洁、干燥、贮存和运输过程中未受化学物质的污染。

(6) 从常规种植向有机种植转换需要 2 年以上的转换期（新开垦荒地例外）。

(7) 有机生产的过程必须有完整的记录档案。

有机食品加工的基本要求：

(1) 原料必须是自己获得有机认证的产品或野生没有污染的天然产品。

(2) 已获得有机认证的原料在最终产品中所占的比例不得少于 95%。

(3) 只使用天然的调料、色素和香料等辅助原料，不用人工合成的添加剂。

(4) 有机食品在生产、加工、贮存和运输过程中应避免化学物质的污染。

(5) 加工过程必须有完整的档案记录，包括相应票据。

第四节 欧盟有机生产的检查和认证

有机产品的认证，主要是认证组织通过派遣检查员对有机产品的生产基地、加工场所和销售过程中的每一个环节进行全面检查和审核以及必要的样品分析完成的。检查和认证体系的机构主要构成为：检查、认证人员；检查、认证准则、条例；认证组织和申请者之间的合约。其中，检查员的素质是直接影响认证组织的信誉和产品质量的关键。认证本身就是一个质量控制过程，而且是其中关键的一环；认证机构则是有机食品质量控制体系的一个重要组成部分。

认证机构是掌握标准、控制生产过程和保证产品质量的关键因素。为了保证认证机构的认证的公正性与真实性，认证机构从事认证业务需要政府主管机构的审核与认可。政府权威机构应加强对检查和认证的授权和管理。所有层次的控制和管理应该保证所有的检查者和认证者都受到评估和认可（即"对认证者的检查"）。认可可以简单理解为对认证机构的全面审核，正如认证机构根据一套标准对要获得认证的生产者进行评价一样，认可机构也要根据一套认可标准对认证机构进行评价。一个认证组织的信誉度、知名度和权威性直接影响产品的销售和市场的认可程度，因此，对于认证机构的认可不能仅凭其标准、工作程序等，应对其进行全面审核，并对其认证的有机经营企业进行抽查。

纵观国际有机农业发展的历史，可以看出，有机农业最初是由欧美国家的一小部分农民自发实践的。当时，人们从事有机生产主要是为了减少农场对外界的依赖性，追求人与自然的和谐，产品除一部分用于自食外，大多直接销售给附近的居民。就是到了现在，直销仍是欧美有机农场重要的销售方式。但是，随着人们环保和健康意识的提高以及有机农业概念的传播，消费者对有机食品的数量和种类需求越来越大，有些产品在当地不能生产或者需要在其他地区进行深加工。这时，仅靠直销已经不能满足消费者的需要，有机食品贸易变得越来越跨地区和国际化。在这种条件下，大多数消费者不可能像当初那样，直接到田间地头与生产者面对面的接触，亲自了解生产过程。为了建立消费者与农民之间的信任，出现了有机食品认证及其相关机构。

由于有机食品贸易的复杂性(多环节、跨地区、消费者与生产者不易直接接触)和有机农业生产方式的特殊性(强调生产过程的控制和有机系统的建立),需要确立一套完整的体系来保证有机食品的质量。从宏观讲,有机食品质量控制体系就是对有机食品生产、加工、贸易、服务等各个环节进行规范约束的一整套的管理系统和文件规定,它为消费者提供从土地到餐桌的质量保证,维护消费者对有机食品的信任。它包括有机食品认证机构及其认证标准、政府管理机构及有关政策法规、协会等各级群众团体和生产者(企业)内部的自上而下的管理系统等。

《欧洲有机法案》是欧盟有机农业发展的法律保证。1991年欧洲议会颁布了有机法规2092/91法案,即《有机农业和有机农产品与有机食品标识法案》,简称《欧洲有机法案》,它承接了来自100多个国家的740个团体组成的国际有机农业运动联盟会的《有机生产和加工基本标准》的指导原则。有机农业生产和流通必须符合有机农业规程,纳入有机农业监控操作程序。

(一)有机农业监控的界定

有效的有机农业监控可保障有机农业产品的高安全、高质量和高信誉,《欧洲有机法案》对监控操作程序做了详尽的规定。有机农业企业和监控机构必须承担义务,严格遵守和实施监控操作程序的一般规程和不同来源产品的特殊规程。

1.具体负责的政府机构

由欧盟成员国确定的"具体负责的政府机构"是有机农业认证认可的国家权力机关。它对私立的"质量检查认证机构"实施认可和监察制度,授权和认可有机农业"负责检查的政府机构"。成员国颁布细则,规范企业纳入监控操作的程序、遵守《欧洲有机法案》的措施、缴纳有机认证和监控产生的费用等。成员国尤其要采取切实有效的措施,加强有机农业动物养殖和肉制品生产和流通的可回溯追踪管理,在养殖、屠宰、肢解等加工、包装与标签、销售的产业链物流中，实现有机农业产品的全程监控和食品产业链的有效管理，确保符合《欧洲有机法案》。

2.监控机构

"负责检查的官方机构"和"质量检查认证机构"是有机农业的认证和监控机构。监控机构实施监控操作程序，对纳入监控操作程序的有机农产品生产、加工和进(出)口企业实施监控。

《欧洲有机法案》对监控机构规定了下列义务和责任:对有机农业企业实施监控，保证企业至少实施了监控操作程序的检查和预防措施；质量检查认证机构必须保证向具体负责的政府机构开放业务活动的场所、设施，有回答询问和支持工作的义务；最迟每年的1月31日，质量检查认证机构向具体负责的政府机构呈交在上年末处于其监控的企业目录，提交年终报告；监控机构在标签、生产规程和监控操作程序的实施过程中，确定了不符合要求的情况，必须取消所涉分装货物或所涉全部产品的有机标识；在确定明显的违规或产生后果的违规后，与具体负责的政府机构商定期限，在此期限前，取消所涉企业有机标识产品的市场销售。

3.有机农业企业

有机农业产品的生产、加工和进（出）口企业为有机农业企业。《欧洲有机法案》对有机农业企业承担的义务做了明确要求:保证向成员国"具体负责的政府机构"登记所从事的活动，登记企业名字和地址、实施活动的位置及具体田块、产业链环节和产品类型、标签措施、生产规程、贸易措施、最后一次使用未收录在《欧洲有机法案》产品的日期；提供相关监控机构名字；声明纳入在监控操作程序。

（二）有机农业监控操作程序的一般规程

1.最低检查要求

和成员国实施措施相一致的《欧洲有机法案》最低检查要求，

必须保证各层次有机农业产品的可回溯追踪，保证《欧洲有机法案》的实施。

2.企业的认证准备

企业执行有机农业规程，进行有机农业的有效监控和管理，并在监控机构登记生产经营活动时，是企业纳入监控操作程序的开始时刻。监控机构进行首次认证检查前，纳入监控操作程序企业必须首先完成下列事宜:(1)完整提供对生产单元、生产设施及生产活动的"描述性报告";(2)明确所有"具体措施"，以保证在生产单元和设施、产业链各个层次执行《欧洲有机法案》的规定;(3)签署一份"声明书"，描述性报告和具体措施必须属于声明书的一部分;(4)声明书中还必须保证实施标签的规定、生产规程、监控操作程序和产品进口的欧盟规定;(5)同意在违反规定或非常情况下，必须取消所涉分装货物或全部产品的有机标识和纳入监控操作程序的标注;(6)书面通知产品购买者，确保取消所涉及批次所有产品的有机标识。企业签署的声明书必须由监控机构审核并出具"报告书"，指出声明书中的不足和改进意见，企业必须在报告书上署名，并采取所有要求的改进措施。描述性报告、具体措施、不同来源产品的特殊规程中规定的认证准备材料发生任何改变，所涉企业必须按规定时间呈报监控机构。

3.检查监察

在对有机农业企业进行首次检查后，监控机构必须对企业的生产单元、加工单元或其他工场每年至少做一次全面督察。为了检查不符合《欧洲有机法案》的物品或工艺，监控机构可以采样检测。如遇有怀疑则必须采样，进行检测。每次检查应当出具"检查报告"，并由被检查单元的负责人或代表署名。监控机构可随机地、无需事先告知地进行检查。重点对存在非有机产品的可能污染和混淆以及可能危险的企业和环节进行检查。

4. 造册登记

在有机农业企业的单元或设施内必须建立台账制度，设有"物品登记账册"和"财务记账册"，企业、监控机构能从账册中了解到下述情况：送货者、产品销售者、产品出口者；所有买进物品的种类、数量及其使用；所有有机农业产品在离开单元或第一收货人的记录，包括产品种类、数量、收货人和购买者；监控机构认为有用的信息。账册内容必须附有票据材料。从账册中必须能得出投入和产出间的关系。

5. 产品包装和产品在加工环节中的运输

有机农业产品仅在有合适的包装、容器或其他工具的情况下运输，产品的密封能保证所含物质不被混淆，标牌和随货单应包含企业及产品所有权人或出售人的名称和地址、符合有机标识规定的商品名称、相关监控机构的名称及代码、可能的批次货登记号，依据随货单能够有序明确地安排产品包装、产品容器或其他运输工具，随货单必须包括供货人及运输企业的信息。对密闭封装不作要求的情况有：产品在纳入监控操作程序的企业间运输，而且产品伴有详细信息的随货单，并且向发货人和收货人的监控机构都做了呈报并得到许可。

6. 产品仓储

在有机农业的生产、加工和贸易的产业链中，产品仓储是十分重要的环节，进行可回溯追踪管理、实现有机农业产品的全程监控、保证产品质量和安全不受影响是仓储的基本原则。在任何情况下都可以明确认定仓储的批次货，都必须避免非有机农业产品的污染或混淆。

7. 可疑产品的处理

如果某企业被认为或怀疑：由它生产的、加工的、进口的或由另一企业引进的某一产品没有满足《欧洲有机法案》要求，应撤

除所涉产品的有机标识，或另外归类并做相应标识。如果其不再标有有机标识可进入市场流通。在排除怀疑后，该企业才可对它们加工、包装，进行有机标识后投放市场。在存在疑问的情况下，该企业应立即通知监控机构。如果监控机构有理由怀疑，某企业故意把不符合《欧洲有机法案》要求的产品标以有机标志投放市场，监控机构可对该企业发出指令：标有有机标识的产品暂时不准投放市场。如果怀疑得到确认，监控机构可责成企业撤除所有该产品的有机标志，不准继续使用有机标识。如果怀疑得不到确认，在监控机构确定的期限内将取消上述指令。在澄清事实的过程中，该企业需向监控机构提供所要求的所有支持与帮助。

8.监控机构的权利保证

为了实施有效监控，企业必须保证监控机构能进入和检查所有的部位、设施、企业账册及相关票据材料；企业应回答和监控有关的所有咨询；在要求下，应提供自愿实施的企业检查结果和取样程序。进口商和第一收货人必须呈报"进口授权证明"和第三国有机产品"监控证明"。

9.情报信息的交换

如果某有机农业企业和其子企业由不同的监控机构监控，"声明书"中必须以共同的名义声明：同意不同的监控机构采取方式交换监控信息。

《欧洲有机法案》还规范了下列特殊规程：有机农业植物和植物源产品监控操作程序的特殊规程、有机农业动物及动物源产品监控操作程序的特殊规程、单一食品和组成食品加工单元监控操作程序的特殊规程。

（三）有机农业转换期与有机标识

1."转换"的一般内涵

从常规农业转换从事有机农业，到产品作为有机农业产品标识称为有机农业的转换期。转换期最早始于当企业在监控机构登记生产活动，执行有机农业规程，纳入监控操作程序的时刻。转换期开始后必须遵守有机农业规程和实施规定，只允许使用收录在《欧洲有机法案》的特定农药、肥料、土壤改良剂等，使用在规定的范围，采用特定的使用方式。不允许使用转基因生物及其衍生物。

种植土地的产品和牧地的饲料收获前至少需2年转换期，多年生植物土地的有机农产品首次收获前至少需要3年。享有有机农业最短饲养时间动物，才能作为有机农业动物及动物源产品进入市场。有机农业动物最短饲养时间为：反刍动物幼体和猪6个月；生产奶乳的动物6个月；产肉的奇蹄动物和牛（包括水牛和美洲野牛）12个月，保证至少为其生命周期的3/4；产肉的禽类10个星期，幼雏孵化后3天，开始有机农业饲养；产蛋的禽类6个星期。

2.有机标识的规定

转换期后，据《欧洲有机法案》规则生产，纳入在有机农业监控操作程序的有机农业产品允许使用有机标识，同时可以标注纳入有机农业监控操作程序。植物产品收获时转换时间至少为12个月的产品可标注"有机农业转换期产品"。

《欧洲有机法案》对标注纳入有机农业监控操作程序的语言表达做了明确规定，并且对欧盟共同的有机标识的模式、语言文字、色彩等方面也做了详细的说明。而且，对使用有机标识、纳入有机农业监控操作程序的标注、原料目录的有机成分标注、有机农业转换期产品的标注等具体情况做了十分详尽的要求和表述。《欧洲有机法案》及配套法案为科学合理利用自然资源的有机农业发展提供了法律保证，值得借鉴。

第七章　有机农业的法规与
管理体系简介

第一节　国际有机农业和有机农产品的
法规与管理体系

国际有机农业和有机农产品的法规与管理体系主要分为三个层次：一是联合国层次，二是国际性非政府组织层次，三是国家层次。

联合国层次的有机农业和有机农产品标准是由联合国粮农组织与世界卫生组织制定的，是《食品法典》的一部分，目前尚属于建议性标准，我国作为联合国成员国也参与了标准制定。《食品法典》作为联合国协调各个成员国食品卫生和质量标准的跨国性标准，一旦成为强制性标准，就可以作为世界贸易组织仲裁国际食品生产和贸易纠纷的依据。《食品法典》的标准结构、体系和内容等基本上参考了欧盟有机农业标准以及国际有机农业运动联盟会的《基本标准》。

国际有机农业运动联盟会的基本标准属于非政府组织制定的有机农业标准，尽管它属于非政府标准，但其影响却非常大甚至超过国家标准。国际有机农业运动联盟会成立于 1972 年，到目前已经有 110 多个国家 700 多个会员组织。它的优势在于联合了国际上从事有机农业生产、加工和研究的各类组织和个人，其制定的标准具有广泛的民主性和代表性，因此许多国家在制定有机农业标准时参考国际有机农业运动联盟会的基本标准，甚至联合国粮农组织在制定标准时也专门邀请了国际有机农业运动联盟会参与制定。国际有机农业运动联盟会基本标准是目前有机食品生产和工艺最具影响的方法。这些最终的条文有助于整个世界有机农业发展。当农产品要用有机食品的标识在市场上进行销售时，生产者和制造者必须通过国际或国内组织根据此标准的认证。国际有机农业运动联盟会的基本标准是一个总的原则，这个标准是认证机构的最低要求。

国家层次的有机农业标准以欧盟、美国和日本为代表，其中目前已经制定完毕且生效的是欧盟的有机农业条例及其修改条款。欧盟标准适用于其15个成员国的所有有机农产品的生产、加工、贸易，包括进口和出口。也就是说，所有进口到欧盟的有机农产品的生产过程应该符合欧盟的有机农业标准。因此，欧盟标准制定完成后，对世界其他国家的有机农产品生产、管理，特别是贸易产生了很大影响。

以欧盟标准为范本，美国和日本也加紧了标准制定。1990年，美国颁布了《有机农产品生产法案》，并成立了国际有机农业标准委员会，由美国农业部市场司归口领导。美国的有机标准基本上与欧盟的类似，区别在于美国的标准把检查、认证等完整地列入了进去。美国有机农业标准于2001年2月20日开始试行，2002年8月正式执行。

日本2000年4月推出了有机农业标准，绝大部分具体内容与欧盟标准是相似的。该标准于2001年4月正式执行。日本有机农产品及加工食品生产的基本要求：生产基地是从播种或耕作起2年以上不使用禁止的农药和化学合成肥料的水田和旱地，特殊情况下，只能使用基准所列出规定的品种；种子或种苗来自自然界，不使用转基因种苗或基因工程技术改造过的；生产单位需制订长期的土地培肥、植保、作物轮作和畜禽养殖计划；生产基地无水土流失及其他环境问题；作物在收获、清洁、干燥、贮存和运输过程中未受化学物质的污染，并且在加工过程中必须是在不受到农药和洗净剂等污染的工厂生产的；产品在整个生产过程中严格遵循有机食品的加工、包装、储藏、运输标准；所加工的产品必须除去水分和盐后原材料重量的 95% 以上是有机农产品或其加工食品的实物；要求有从生产到上市的生产流程管理和规格、数量的全程记录；从常规种植向有机种植转换需两年以上转换期，新开垦地、撂荒地需至少经 12 个月的转换期才有可能获得有机农业认证书；必须通过独立的有机食品认证机构的监督以及符合有机农作物加工食品规定的认证。

在农产品的生产加工方面，中国已与国际接轨，制定了自己的生产加工标准，在大体上与国际是一致的，下面就有机畜牧业方面，以国际有机农业运动联盟会的标准给大家做个简要介绍。

（一）畜牧养殖管理

1.足够的自由活动。

2.根据动物需要足够的新鲜空气和昼夜时间。

3.按照动物需求防止过度日照、温度、雨和风的干扰。

4.根据动物需要提供足够的躺卧区域，对所有需躺卧的动物，应提供天然垫料。

5.根据动物需要可以充分接触新鲜用水和饲料。

6.按照动物生物特性及行为需要提供足够设施，以便动物充分表现其行为。

7.对人和动物健康有可能造成影响的合成材料不能用于建筑或生产设备。

8.应根据动物类型、年龄及其他认证机构确定的因素，为动物提供广阔的空气和放牧空间。

9.禽和兔类不能在笼内饲养。

10.不允许畜牧养殖系统没有土地。

11.当利用人工措施延长自然日照时间时，认证机构应根据类型、地区条件和动物健康等因素限制最长照射时间

12.群养动物不允许单独放养。

（二）转化期长度

有机畜牧养殖系统的建立需要一个缓冲时间即转化期。 包括畜禽在内的整个农场，应根据本标准进行整体转化。转化应在一定时期完成，代替畜禽应在企业生产开始时引入农场。

1.只有农场或农场相关部分转化至少12个月，且满足有机动物生产标准一定时间，动物产品才可以按有机农业产品出售。

2.认证机构应制订动物生产应该满足的时间长度。乳制品和蛋类生产的时间长度应少于30天。

3.当有机标准已经满足12个月后，从转化开始就在农场的动物的肉制品可以按有机产品出售。

（三）动物的引入

所有有机动物应在农场系统内生产和养殖。有机畜牧生产不能依赖于常规生产。当进行动物贸易或交换时，最好在有机农场之间或有长期合作的几个农场之间。

1.如果没有有机动物，认证机构可以按照以下年龄限制允许引入常规动物：2日龄的肉鸡，18周龄的蛋鸡，2周龄的其他鸡，断奶后的6周龄仔猪，经过初乳喂养且主要饲喂全奶的4周龄幼牛。

认证机构应规定时间限制，以对每种动物都实施从受孕就开始的有机动物计划。

2.从常规农场引入的育种动物的数量每年不能超过农场同类

成年动物的 10%。

（四）品种和育种

应根据当地条件选择品种，目标不能对动物自然行为有抵触，且对动物健康有帮助。育种不能包含那些使农场依赖于高技术和资金集约生产的方法。繁殖方法应是自然的。

标准如下：

1.认证机构应保证育种系统采用的品种水平可以自然受精和生产。

2.允许人工授精。

3.不允许胚胎移植。

4.除非是基于医疗原因且在医生指导下，否则不允许进行激素发情处理以及引产。

5.不允许使用基因工程品种或动物类型。

（五）去势

建议选择不需要去势的品种。去势的例外应保证对动物的损伤降到最低。动物的个性特点应得到充分尊重，不允许去势但认证机构可以允许以下例外：阉割、羔羊断尾、去角、上鼻圈。同时应尽量减少损伤，需要时可采用麻醉剂。

（六）动物营养

动物应当使用 100%的优质有机饲料饲养。所有饲料应源于农场本身或在本地区内生产。饲料组成和方式应根据动物按其自身的饮食习惯和消化需求而定。建议根据动物的营养需求平衡搭配饲料，使用有机食品加工系统的产品。有机畜牧养殖系统不允许采用染色剂。

1.认证机构应制订饲料和饲料配料的标准。

2.饲料的主要组成（至少 75%）应来自农场内部或从本地区其他有机农场引入。认证机构可以根据当地条件允许例外。认证机构应制订实施的时间限制。

3.在计算饲料组成时，农场第一年有机管理产的饲料可以按有机计算，这只适用于农场内部喂养的动物，且饲料不能按有机产品出售。

4.如果证明不能从有机农场获得这些饲料，认证机构允许农场动物消耗的饲料有一部分从常规农场进。

5.下列材料不能用于添加到饲料中,无论什么情况不允许喂养农场动物:(1)人工合成生长调节剂或催生长剂;(2)人工合成镇静剂;(3)防腐剂(除非用于加工辅料);(4)人工染色剂;(5)尿素;(6)对反刍动物饲喂农场动物废料(如屠宰场废物); (7) 经过技术加工的粪便及其他肥料(所有的排泄物);(8)经过溶剂处理(如乙烷)、提取(豆粉或油菜籽)或添加其他化学物质的饲料;(9)纯氨基酸;基因工程生物或产品本身。上述内容包括有机和常规饲料。

6.如果数量、质量允许，应使用天然的维生素、微量元素和添加物质。认证机构应对使用人工合成后和非天然形态的维生素、矿物质做出规定。

7.所有反刍动物每天都能吃到粗饲料。

8.以下饲料防腐剂可以使用：细菌、真菌和酶；食品工业的副产品(如糖蜜)；植物产品。

在特殊天气条件下可以使用人工合成的化学饲料防腐剂。认证机构应对人工合成的或非天然形态的物质的使用，如乙酸、蚁酸、丙酸、维生素和矿物质等作出规定。

9.认证机构应根据相应动物品种的自然行为，制订最低断奶期。

10.哺乳动物的幼畜应喂养有机奶品，最好来自本品种。在紧急情况下，认证机构可以允许使用非有机农场系统的乳品或乳品替代物，只要这些材料不含有抗生素或人工合成的添加剂。

（七）兽医

兽医管理措施应以动物健康为方向，实现动物对疾病和传染的最大抵抗力。患病或受伤的动物应马上给予妥善治疗。建议优先使用天然药品和方法，包括顺势疗法，ayurvedic 药（印度传统医疗法及药种）、针灸等。

一旦发现疫病，应查找病因，并通过改变管理措施防止重新发生。如条件许可，认证机构应根据农场的兽医纪录做出规定以减少兽药的使用。认证机构应制订药品清单和停药期。

1.动物健康是选择疾病治疗方法的基本出发点。如果没有合适的方法，可以允许使用常规措施。

2.如果使用了常规医药，停药期应至少是法定期限的 2 倍。

3.不允许使用下列材料：人工合成促生长剂；以促生长或抑制生长为目的人工合成物质。除非用于个体动物繁殖疾病，原则不允许使用激素发情处理和同期发情。

4.只有当对本地区疾病充分了解，且这些疾病用其他管理措施不能控制时才进行防疫，认证机构应做出使用防疫的具体规定。法律规定许可的防疫是允许的。禁止使用基因工程防疫。

第二节 欧盟 2092／91 法案

欧盟于 1991 年 7 月 22 日开始实施欧盟 2092/91 农产品有机生产法令，从而统一了有机生产的农产品和食品的生产、加工、标签和监控标准。该法旨在保护真正的有机食品生产商、加工商和交易商的利益，防止假冒产品，促进有机农业的健康发展；促进消费需求，保护消费者利益；建立严格有序的有机生产体系，制定所有介入者都必须遵循的有机食品加工标准；建立公平、独立的监控和认证体系，所有有机产品或相关产品必须获得认证；

制定相应的标签规定，促进新市场的形成，以培养新型有机食品生产商。

该法令共 16 章、6 个附录和 25 条修正条款，其主要内容如下：

第 1 章定义法令涉及范围，主要为"未经加工的农作物"和"由一种或多种植物材料制成，供人类消费用的产品"，包括牲畜产品，且用专门的标准。

第 2 章定义欧盟成员国有机农产品标识的用语，主要包括英语、法语以及西班牙语中对"有机"的定义。

第 3 章确保此法令实施不违背其他法律规定。

第 4 章定义该法令中的重要名词。

第 5 章是该法令核心部分，即有机食品标识规定，主要包括：①只有当某一产品 100%的配料，农产、非农产和添加剂均符合该法令（包括附录）要求时，该产品才能在销售标签上（产品名称）注明为有机产品。如果 95%的农产配料为有机的，而剩余的 5%为普通配料，而且尚未经有机生产，并在附录中列明时也可使用有机产品字样。②从 1998 年 1 月 1 日起，表明有机农产配料的最低限度为 70%，但并不是说有机配料比重为 70%至 95%即可使用有机产品标签，而只允许在成分说明中标明有机农产配料所占的比重。③过渡期产品，一般到停止使用化肥后第三个收获季节为止，只有为单——种农产品配料时，才可标明为有机产品，而且在收获季节前至少 12 个月必须符合该法令的要求。不同情况下的各种阶段和各种措施都必须按欧盟体系进行监控。

第 6、7 章及附录 I 和 II 规定了生产要求，附录中所列物质是允许使用的，未列的是禁止使用的。第三国包括发展中国家应注意，大部分许可使用的物质，是不具备用相应物质取代必须经认证机构许可。

第 8、9 章规定了监控系统、私营认证机构的认证条件，从而建立规范的监控体系。

第 10 章规定了欧盟有机产品标签内容及授权和撤回授权的规定。"有机家业——EEC(EU)监测系统"的英文字样只能用在由欧盟生产的未使用第三国配料，且有含量为 95% 至 100% 的产品上。

第 11 章制定了从非欧盟成员国进口有机食品的原则，其中最重要的条款是不管有机产品产自何地，都必须符合欧盟规定的要求。由于各国对有机或生态农业的定义不尽相同，因此有必要对"有机"一词的最基本含义做统一理解。世界各国自然条件不同，因此欧盟并不具备世界所有用于植物防病虫害的有机肥料和物质。目前有两种方式可获得对欧盟出口有机产品的许可。

方式一：根据欧盟法规第 11 章第 1 款～第 5 款的规定，非欧盟成员国(第三国)可依下列步骤使其产品在欧盟境内按有机产品出售：

1.某一国家或某一国家的认证代理机构可通过其在布鲁塞尔的官方代表向欧盟委员会申请，将该国列入有机产品出口认可国家的欧盟第三国名单；

2.提出申请的国家必须确认该国已建立运行良好的标准系统和监控程序(法规或规定)，必须保证其生产、加工标准和系统监控与欧盟法规所要求相吻合；

3.所有最重要、最新和最完整信息必须列明，如生产商、产品类别、种植面积（位置范围）、未经加工和加工产品数量等。当地政府可以协助生产商、加工商和出口商起草上述文件；

4.欧盟委员会审核该申请，并可能要求提供附加资料；

5.欧盟委员会投票表决是否批准该申请，如同意便在欧盟官方杂志上予以公告；

6.根据欧盟上述法规的有关规定，现已获准进入的第三国包括阿根廷、澳大利亚、匈牙利、以色列和瑞士；

7.已列入第三国名单国家的出口商出口其产品时，仅需填写专门表格所要求提供的情况。

方式二：对于从未列入第三国名单的其他非欧盟成员国进口有机产品，根据该法规第 6 章第 6 款要求需单独许可，经认证机构核实进口商的情况，通常有助于申请表的备制。

第 12 章确保有机产品在欧盟境内的自由行动。

第 13 章和第 14 章进一步规定了行政管理和实施措施。

第 15 章和第 16 章规定了该法规和实施日期和有效条件。

附录一概要介绍了几十年以来有机农场主协会制定的有机农业的基本原则。

附录二分为两部分，第一部分列出允许使用的肥料；第二部分为允许使用的植物保护物质。未列明的即为禁止使用的物质。

附录三规定了对农场、加工和包装单位、进口公司的监控程度，旨在建立各级永久和有效的监控系统，以防止伪劣假冒现象的发生。

第一个监控环节是描述生产单位，用联合绘图加以说明农场面积、区位划分，或加工厂是否铺了地板。第一次检查时，要将生产企业的现状加以汇总，由认证机构明确指出采取何种措施才能符合法规要求。

对以有机方式生产的产品进出货时要分别登记。最重要的监控环节是明确有机产品的产地及标识，主要包括：生产商名称、产地和认证机构。由于多数加工、包装和进口公司不仅涉及有机产品，也涉及普通产品，因此必须注意，要在各个环节将有机和非有机产品相区分。

另一个重要的监控环节是反复检测投入产出比，以确保有机产品的可信程度。最后一个环节必须检查标签，即实际西文和成分是否与标明的相符。配料的产地是否有附录 6 中的说明。每次检查后都要求写报告，并说明需要进行何种改进，并由监控单位认可的代表签名，由农场或公司支付检查费用。如果间断检查，应予以处罚，处罚措施从书面警告直到临时或永久性禁止销售有机产品。

1.团体监控。由于第三国的地理、社会、行政和政治环境往往与欧洲不同，有可能采用特别的方式，因此团体监控，对由小型农场主组成的大集团的检查和对野生植物的检查在有机认证，特别是在对新兴国家的有机产品认证中发挥着重要的作用。

2.野生植物有机认证条件。如果产品除收获以外，没有施加任何人工影响的野生植物，可认证为有机产品。野生植物检查和认证的步骤为：①确定位置/区域/地区；②确定年收获量（可有少许出入），要确保不会由于过度开采而破坏生态环境；③有机产品中间商和采集者名单，其中采集者名单中要列明：产品名称、地点、出售者、面积、树木编号、数量、日期并有出售者签字；④庭院、果园和独株树木如要获认证，至少三年不得使用过化肥、杀虫剂、杀（真）菌剂或除草剂或其他类似物质。⑤树木离主要道路或其他污染源至少 50 米。邻近有使用化肥的普通农作物，不得授予有机证书。邻近市区的果园应考虑大气污染因素。水果从运抵仓库时起，经加工直到最终包装时，都必须与非有机水果严格地分开，以防混淆。

有机产品的信息必须完整，及时更新，并分别标明出入货量、产地等。

附录六是作为特别法规（欧盟 207/93）主要附加了三部分：

1.允许使用的非农产配料物质，如防腐和抗氧化剂等；

2.加工过程中允许使用的物质(加工剂)；

3.(普通的)农产品配料(在 70%和 95%类别中),如果某些农产品或某种预处理方法和配料,　　目前还不具备有机的形式,讲明情况后允许以普通产品替代,但应不超过 5%(对有机含量为 70%的产品的要求也一样。上述名单及时更新比较困难,即使已有大量有机产品的情况下,也可能仍列在名单上(如可可、大枣、芒果等)。有关有机食品的相关规定可从欧盟或国际有机农业运动联盟会获取。

第三节 美国有机农产品生产法案

早在 1983 年美国就制定了有机农业法规,对有机农业进行了界定。1990 年进一步制定了《有机食品生产法》,还成立了国家有机标准委员会。1991 年又将 1990 年的《有机食品生产法》修改成《美国农业部有机食品证书管理法》。1996 年还修改了《农业法案》,提出了联邦农业革新法。2000 年年底,美国农业部确定了美国有机农业标准。除全国性法案外,早在联邦法制定前全美就有 28 个州实施了《有机食品法》,其中加州在 1979 年就制定了相关的法律。

美国的有机标准基本上与欧盟类似,区别在于美国的标准把检查、认证等完整地列入。美国有机农业标准于 2001 年 2 月 20 日开始试行。2002 年 8 月正式执行。

下面就对美国有机农业标准做一个简明的介绍。

一、有机农作物生产标准要求

1.生产有机农产品的土地至少在 3 年内没有施用过违禁物质;

2.用轮作或其他许可的方法来确保作物虫害和土壤肥力的管

理；

3.土壤肥力和作物营养的管理主要通过耕作和栽培以及其他能够提高和保持土壤有机质含量，能够向作物提供养料的方法、物质；

4.作物的病虫害管理主要是通过预防，在预防措施失败后，一些物理、机械、生物的控制措施也可运用。标准允许施用一些被许可的生物农药和某些通过鉴定可用于有机农产品生产的其他物质。

二、有机畜产品生产标准要求

1.非有机来源的动物可以引入有机生产，但必须按有机标准管理；

2.用有机方法生产的饲料进行饲养，包括合适的草场。同时也接受维生素和矿物元素；

3.如果有必要，非有机来源的动物也可引入进行小比例的轮养；

4.有机方法饲养的动物严禁用激素或抗生素来刺激生长；

5.预防是动物保健的主要手段，但在生病或受伤时也允许进行药物治疗；

6.除疫苗外，严禁对健康的动物使用药物；

7.所有按有机方法管理的动物必须提高促进健康的生存条件；

8.对粪便进行有效管理，促使防止对水源造成污染，加强回收利用，提高土壤肥力。

三、农产品加工生产标准

1.标有"有机农产品"标识的多成分混合产品，除水和盐以外，必须至少有95%的有机农产品成分；

2.有机农产品成分低于95%，高于50%的多成分混合产品，可给予"用有机农产品制造"的标识；

3.有机农产品成分低于50%的多成分混合产品，只能在其成分说明中使用"有机农产品"一词，不能说是符合有机农产品加工标准；

4.在多成分混合产品中使用的任何非有机方式生产的农产品成分和非农产品成分，例如：酵母、发酵粉等，必须包含在"国家许可可使用合成品和禁止使用非合成品名录"内；

5.凡是标有"有机农产品"的商品，必须是按有机方式生产，即使这种商品已经含有超过95%的有机农产品；

6.最好用机械或生物方式进行食品加工，象烘烤、干燥、冷冻、发酵等；也允许一些其他必要的加工手段，但挥发性合成溶剂和合成菌药和杀虫剂禁用。

第四节 日本有机农业标准法介绍

2000年由日本农林水产省制定的59，60，806，818，819，820，821，513，514，519和517号通告规定了日本市场的有机产品作为日本农业标准的一部分。2001年3月9日正式决定用日本有机农业标准(即JAS)代替欧盟2092/91规则，同时，美国农业部的国家有机工程也可以用做替代。JAS标准是在农林水产省标准与标识委员会指导下完成的。

一、日本有机农业标准体系的主要特点

日本有机农业标准体系有以下一些主要特点：

1.标识有JAS的有机产品目前仅限于作物产品及其加工品。

包括有机谷物、蔬菜水果、草药、豆类(咖啡和可可)以及野生作物。不包括蘑菇，因为它们一般都是长在树上或木头上而不是在土地上。同时，即便其主要成分和加工过程都符合日本有机农业标准，酒精饮料也不包括在内。

2.有机畜牧产品目前虽没有相应的法规，但是在2004财政年度内将开始实施有机畜产品和有机饲料的标准及认证体系。到目前为止还没有考虑是否引入水产养殖的日本有机农业标准体系。

3.如果要销售有机农产品及其加工品，任何参与生产、加工、分检和进口的企业都必须得到注册认证机构（简称 RCO）和注册国外认证机构(简称 RFCO)的认证。但是，如果进口商进口的产品是经由注册认证机构或注册国外认证机构认证的厂家生产的，且商品上带有 JAS 有机标识，则进口商无需进行认证。

4.有机企业必须满足技术标准要求的基本条件。在申请过程中，注册认证机构或注册国外认证机构检查并确认申请者出具的所有文件，可以证明其达到技术标准，并且在操作上完全与提交的文件相一致。这些标准的关键要素在于有机企业必须要有一套内部的操作规范和定级标准(确保内部规范能够得到妥善执行，有效管理 JAS 有机标识的使用)，而且所有操作必须严格遵守这些规范。

5.必须清楚了解"生产环节管理员"的职责所在，因为这会对小型生产商尤其有益。生产环节管理员指的是对农业体系进行管理的个人或机构(比如农业合作社、农业公司)。因而一组单个的生产者可以集体的形式获得认证，这一点不仅有助于日本国内的小型生产者，也有助于发展中国家的小型生产者获得认证。如果生产环节管理员是一个组织或雇佣员工的公司，那么它就必须要指定一个人担任生产环节管理人，另一个作为定级管理人。

6."定级"是农林水产省的官方语言，指的是内部验证的程序，以确保所有操作符合内部规范，生产出的产品符合日本有机农业标准。"分检商"是 JAS 有机标准使用的概念，指的是对 JAS 有机定级产品进行拣选、清洗、加工和包装的分销商。

7.农林水产省正在计划修改 JAS 认证机构的鉴定体系。目前的体系要求提交申请的外国 JAS 认证机构的所在国必须与农林水产省签有等效协定。不过农林水产省目前正在考虑采用类似美国农业部的体系。也就是说鉴定体系的修改将基于国际标准化组织认证标准设定的新标准。在有些产品上我们会看到"ISO65"之类的标识，这里的 ISO65 指的就是国际标准化组织的一种认证标准。即不论外国机构的所在国是否与日本农林水产省签有等效协定，日本农林水产省也会批准该认证机构的申请。

二、日本有机农业标准与欧盟 2092 / 91 法案以及美国国家有机工程的不同

日本有机农业标准与欧盟 2092/91 法案以及美国国家有机工程相比，有以下几点不同：①所提及的通告包括动物产品、肉类、生活用品、蛋类、蜂蜜等都不能依据 JAS。②与国家有机工程和欧盟 2092 / 91 法案不同，59 号通告允许使用矿物质中的氯化钾作为肥料。③与国家有机工程和欧盟 2092/91 法案不同，59 号通告不允许使用发酵粉(碳酸氢钠钾)以及腐殖酸与木素酸化盐的碱性提取液(主要用于肥料中微量营养素的混合液)。④与国家有机工程和欧盟 2092/91 法案不同，818 号通告明确要求食品加工者有一个好的卫生条件，并且提出必须保持原材料物产品的高质量。⑤最主要的不同是 JAS 要求建立一个正式的"分级程序"，这就意味着在产品贴上标签并卖到其他公司或直接出口到日本之前，"分级管理者"必须核查是否已经按照要求的那样执

行了有机标准和内部规定，对于每一个产品，都要将分级过程记录在检查表上，然后每年至少归档一次。

三、分级系统

出口到日本的有机物必须贴上被称为"JAS"标识的商标。这个商标包含认证者和 JAS 的名字，并且必须按日本农林水产省核准的形式准确地使用它。

产品经理和分级负责人必须参加由被授权的认证者举办的 JAS 研讨会。这个研讨会在获得第一个 JAS 认证的一年内举行。

那么，谁需要 JAS 认证呢？在美国或欧盟内，由于有等价协议，所以对已获得欧盟认证或国家有机工程认证的，只有该产品的最终经营者需要获得 JAS 认证。在其他国家，所有与生产链有关的操作员都需要 JAS 认证。如果农场主们有内部控制系统的话，那么他们也可以照此获得认证。加工企业或出口企业可以处理内部控制系统和供应商们的分级程序。那些自己没有加工、包装和商标的是不需要 JAS 认证的。

分级意味是优先授权使用 JAS 标识。负责人（分级签证者）检查质量管理标准操作规程草案的各个事项。然后，将检查结果记录在检查列表中，并至少每年归档一次。使用 JAS 认证的单位必须任命分级管理员。JAS 已经建立了关于分级管理员资格和经验的详细标准。在集团或更大的公司，分级管理员可以有自己的助手，比如负责生产。分级管理员必须参加 JAS 研讨班，这个研讨班会在获得认证的一年内举行。

JAS 标识不总是被放置在最后。在许多系统中，产品分级完成前已经用了 JAS 标识。在这情况下，分级管理员要检查产品是否有标识所要求的特性。如果产品不合要求，分级管理员必须撤回印章，或把产品放在其他没有 JAS 标识的集装箱中。

JAS 分级程序可分为针对农场、小农户团体以及加工者 / 制造业者三类。

对于农场而言，分级管理员的最低要求是管理人员必须有从事农业或相关研究 3 年的经验，或拥有两年制的农业学专业学历。分级管理员的人选既是职员，同时也是农民，或农场管理人。分级过程的典型文档(依靠各种生产和加工)主要包括：历史情况；种子、肥料和控制有害物产品的发票；农田日志；收割日志；包装日志等。

而对于小农户团体来说，分级管理员的最低要求是有从事农业 3 年的经验，或有农学大学学位加上 1 年的实际经验，或有农学专业大专学历加上 2 年的实际经验。这里的分级管理员通常是那些能够对于内部控制系统负责的人。分级过程的典型文档(依靠各种生产和加工)主要包括：被核查的农民列表；内部检验报告以及加工和包装日志等。

对于加工者 / 制造业者而言，分级管理员的最低要求是要有 3 年的质量管理经验，假如有大学学位，则可以适当降低实际经验的年限。加工者 / 制造业者的分级管理员的人选必须独立于生产部门和营销部门。同时，它的分级过程的典型文档包括：原料的接收文件；原料供应者的证书副本；储藏日志；加工草案以及清洁草案等。

JAS 认证所需的文件：除了必须依照欧盟规则或美国国家有机工程记录之外，JAS 认证所需的附加记录还包括：①JAS 认证的申请；②为 JAS 分级的质量管理标准操作规程；③可以显示已经销售的每项贴有 JAS 标识的产品执行质量管理标准操作规程情况的文档；④粘贴有 JAS 标志被销售的产品记录；⑤用来进行有机生产的主要工具 / 器械 / 仪器的目录（包括耕作和加工工具)；⑥至少要有农场 3 年内所有情况的历史记录，包括肥料，改善和植物保护产品在这期间被用的所有细节（以防有机管理计划不包括这些细节）；⑦该单位所有仓库和其他的建筑物的绘图；⑧运输记录。

商标要求：所有被当作"JAS 有机品"卖的产品，一定携带 JAS 标识。如果产品用袋子被装船运送到日本，每个袋子必须有 JAS 印章（标识）或每个袋子附上一个 JAS 印章标签。如果产品用大量的集装箱装船运送，装载发票或装载清单上一定要有 JAS 印章(标识)。建议把印章(标识)分别附在散货和货运单上。如果正式的船载文件不能更改，可把带有 JAS 印章（标识）的纸页附在上边。JAS 授权的包装工将会对产品重新包装并把 JAS 印章（标识）印在新的包装上。

印章(标识)的细节：JAS 标识的连锁圆至少要有 5 毫米高度（不包括圆周下面的文字）。在圆周下面的文本必须有认证者的名字，形状和 JAS 印章的比例不能被改变，但允许改变颜色。没有规定 JAS 标识的位置，也可以在广告材料中使用 JAS 印章。

标识上的其他信息：标签必须包括关于产品类型的信息、有机物情况、数量、JAS 认证的操作员编号、公司或农场名字、产品批号和原产地。

与美国国家有机工程不同，JAS 需要认证机构对从其他国家到日本的所有有机出口品颁发贸易证书。与欧盟的情况不同，海关当局通常并不要求有贸易证书，但在 JAS 检验期间，认证机构必须检查所有的出口品是否已经申请并获得了贸易证书。如果省略这个程序，则可能增加 JAS 认证的风险。

四、日本有机认证的程序

JAS 的认证程序可以分为 6 个步骤：①定生产计划。生产者个人可以申请认证，但必须满足学历和具有农业经历等条件，最好是若干农户组成的生产小组较为合适。其中包括：选择生产过程管理者，选任产品鉴定者，制订生产小组公约，制订栽培指导材料。②栽培管理记录的整理。需要有生产有机农产品前的2年（多年生作物为3年，其中轮作1年）栽培管理记录。③制作向登记认证机构提交的认证申请书。需要有当前的农田图、水系图、设施平面图等，以及要申请从事生产过程管理者和品质鉴别者参加登记认证机构举办的培训证明材料。④实地检查与判定。由登记认证机构的检查员进行文书审查和实地检查，认证委员依据审查报告书，决定是否给予认证资格。⑤认证。被认证后，由登记认证机构发给"认证书"。认证后所播种或种植的农作物可以实行JAS有机标识。⑥认证后的业务。取得认证后必须提出播种或种植前的栽培计划、收获前的栽培管理记录、收获完成时的品质鉴定记录以及每年6月末的上年度品质检查实际记录。

参考文献

[1]席运官,钦佩编著.有机农业生态工程.化学工业出版社,2002.

[2]方志全,焦必方.日本有机农业的发展与启示.现代日本经济,2002(2).

[3]席运官.有机农业土壤培肥的理论与方法.环境导报,1998(4).

[4]赵之重.土壤肥力与生态农业发展.青海大学学报,2003(8).

[5]李彩华,靳学慧,台莲梅.不同农业措施对土壤微生物的影响.八一农垦大学学报,2005(8).

[6]熊国华,林咸永,章永松,郑绍建.施用有机肥对蔬菜保护地土壤环境质量影响的研究进展.科技通报,2005(1).

[7]范树阳.加拿大有机农业中的杂草管理.内蒙古环境保护,2004(6).

[8]张培增.德国的生态农业示范养殖场.国外农机,2002(5).

[9]郑光华.美国纽约长岛的有机蔬菜农场.

[10]孟凡乔,吴文良.国际有机农产品的法规与管理体系.中国生态农业学报,2002(5).

[11]孙振钧.我国有机畜牧业如何与国际接轨.环球视窗,2002(6).

[12]席运官.有机农业与中国传统农业的比较.农村生态环境,1997(3).

[13]冒乃和,刘波,陆萍.欧盟有机农业认证和监控的法律要求.中国质量认证,2004(1).

[14]秦小玉.有机农业的国际标准.河北农业,2004.

[15]单吉堃.有机认证在有机农业发展中的基础性作用.

[16]程兵.德国的有机食品市场.农家之友,2004.

[17]裴剑容.哥斯达黎加:多元化、有机化和科技化促进农业发展.新华社.

[18]农业部无公害农产品生产和管理考察团.加拿大的有机农业.世界农业,2002(10).

[19]日本有机及自然食品协会执行主任松本宪二.日本有机食品市场简述.

[20]郭丽,孟繁锡,刘雪,刘春鸽.以色列有机番茄的温室生产.世界农业,2005(8).

[21]唐正平主编.世界农业问题研究.经济科学出版社,2001.

[22]王钊英,陈发,王晓冬,马小平,伊明.浅谈国内外保护性耕作技术的研究与应用.新疆农机化,2004(2).

[23]刘波,冒乃和.德国有机农业发展的法律基础与扶持政策.世界农业,2003(5).

[24]美国加州有机苹果发展概况.世界农业,2002(6).

[25]刘新平,韩桐魁.日本有机农业认证制度分析.世界农业,2004(12).

[26]王林编著.美国的有机农业.全球经济瞭望,2000(9).

[27]刘连馥.部分国家的有机食品发展概况.中国食物与营养,1990(1).

[28]曾玉荣.日本的自然农法.台湾农业探索,1996(1).